Rudi Ph. Weilmünster

Praxis der Pyramidenenergie

Rudi Ph. Weilmünster

Praxis der Pyramidenenergie

Theorie - Einsatz - Experimente

edition eh hannemann

VERLAG STEPHANIE NAGLSCHMID STUTTGART

CIP-Titelaufnahme der Deutschen Bibliothek

Weilmünster, Rudi Ph.:
Praxis der Pyramidenenergie.
Theorie – Einsatz – Experimente.
Stuttgart: Naglschmid, 5. Auflage 1990
(Edition Hannemann)
ISBN 3-925342-76-1

Bildnachweis: Alle Abbildungen über MTi-Press, Stuttgart

Abbildungen: R. Weilmünster / MTi
Titelbildgestaltung: Dr. F. Naglschmid / MTi
Titelfoto: H. Fülle / MTi
Gesamtgestaltung: C. Endrulat / MTi

Printed in Germany.
Walter Druck GmbH, D-7000 Stuttgart 30.

Inhalt

Vorwort ... 8

Einleitung ... 10

1. Pyramidenenergie – Kosmische Energie? ... 21

2. Was Sie mit Ihrer Pyramide alles tun können ... 35

3. Beschreibung der Pyramidentypen und deren Einsatzmöglichkeiten ... 45

4. Die Pyramidenenergie in der Pflanzenwelt ... 55

5. Die Pyramidenenergie in der Medizin ... 60

6. Biostörzonen ... 63

7. Weitere Möglichkeiten zum Einsatz der Pyramidenenergie ... 66

8. Sonstige neue Erkenntnisse in der Pyramidologie ... 70

9. Pyramiden: Radar zum All? ... 80

Nachwort ... 87

Danksagung

Der Autor möchte hiermit allen danken, die bei der Arbeit an diesem Buch mitgewirkt haben.
Mein besonderer Dank gilt Herrn Hermann Becker für die ausgezeichneten Skizzen und Grafiken zu diesem Buch und für seine neuen Ideen. Ebenso danke ich dem Physiker Herrn W. Losensky-Philet für seine Hilfe und sein Vorwort.

Vorwort

Die große Pyramide von Gizeh, die Cheopspyramide, ist zweifellos das geistesgeschichtlich prominenteste Bauwerk unserer Geschichte.
Nach koptischen Urkunden (Masoudimanuskript) noch vor der Atlantiskatastrophe entstanden, ist es seit 5 000 Jahren ein glänzendes Denkmal der atlantischen Wissenschaft von den Kräften des Raumes, wie sie auch in den Dokumenten der altindischen Veden auf uns gekommen sind.
Das Wort „Pirimit" (10. Maß in Zahlen) bezieht sich auf das fundamentalste Grundgesetz des Äthers: R (Resonanz) = 10^n, das alle Erscheinungen der kosmischen Natur entscheidend bestimmt.
Damit drückt sich bereits aus, daß wir vor einem Stoff übermenschlicher Dimension stehen.

Wir Europäer haben die wahren Probleme des Bios, des Lebens, nicht durchdringen können. Die Atlantier wußten von den Geheimnissen der Unsterblichkeit.
Wie jetzt deutlicher zu werden beginnt, haben ihre Eingeweihten von Luxor und Gizeh ihre „Einweihung des Todes und des Lebens" erfahren und als Auferstandene höhere Lebensbereiche betreten dürfen.
Es besteht keine Frage, daß ein Gebäude, das, zu erhabenen Zwecken bestimmt, auch selbst mit hohen kosmischen Energien geladen ist. Es war ein Tempel des Lichtes und des Lebens, von dem die alten und echten Tempelmaurer noch wußten, und es war ein Zeugnis von glänzendem Wissen, das uns leider wieder verlorenging.

Aber, daß die Pyramide von Gizeh geladen war mit erdhaften elektromagnetischen und lebensstarken solaren Kräften, steht außer Zweifel. Auf der Höhe der Pyramidenplattform stehend, gewahrt man bei Gewitterspannungen deutliche Ströme von Elmsfeuer.

Die vom Autor dieses Buches erwähnten Phänomene wie: Frische und Fäulniswidrigkeit, Energiereichtum und vieles andere, lassen sich sehr wohl auf solche Erscheinungen zurückführen.
Wir stehen erst am Anfang der Entdeckungen, können uns aber auf größte Überraschungen gefaßt machen. Die Pyramide war ein Energiegenerator besonderer Art, in dem wahrscheinlich die uns jetzt bewußt werdenden Psi-Kräfte eine bedeutende Rolle spielten.

Der Verfasser dieses Vorwortes, der die atlantischen Wissenschaften von den Raumkräften teilweise nachentdecken konnte, hat deutliche Beweise für die Exaktheit dieser Wissenschaft gefunden.

Wir werden nach und nach unser Wissen erweitern. Hier liegen noch weite Räume für große Entdeckungen vor uns.

Willy Losensky-Philet (†)
Physiker

Einleitung

Über die Cheopspyramide, über das erste Weltwunder der Antike, gibt es viel Staunenswertes zu berichten. Vor allem fällt auf, daß die Cheopspyramide Tatsachen darstellt, die wir erst vor wenigen Jahrzehnten in den Griff bekommen haben.
Ein begeisterter Astronom bezeichnete sie als eine Astronomie in Stein. Je genauer unsere Messungen werden, um so genauer werden die Daten der Pyramide. Aber nicht mit diesen Wundern der frühantiken Astronomie will ich mich hier befassen, sondern mit einer ganz neuen Disziplin: den Möglichkeiten mit Modellpyramiden, die den genauen Maßen der Cheopspyramide gleichen, Experimente und Versuche nachzuvollziehen, den Einsatz der Pyramidenenergie ins tägliche Leben mit einzubeziehen und ähnliches mehr.
Zu Anfang meiner Ausführungen möchte ich erst einmal den Physiker Losensky-Philet aus seiner Schrift „Das Zeugnis der Cheops-Pyramide" zitieren; er schreibt darin folgendes: Zunächst steht nach koptischen Zeugnissen fest (Masoudimanuskript u. a.), daß die Pyramide noch vor der großen Sintflut fertiggestellt wurde. Ihre Architekten und Ingenieure hatten infolgedessen nicht nur leistungsfähige technische Werkzeuge, sondern auch eine absolut präzise moderne Mathematik. Das wird unwiderleglich durch folgende Tatsachen bewiesen.

Eine Pyramide kann durch zwei Größen (ihre Basis und ihre Höhe) eindeutig determiniert werden, eine quadratische Pyramide also durch ihre Basiskante S

und ihre Höhe H. Diese beiden Größen – so zeigte sich – wurden zur Definition der Maße der Pyramide auf eine einzige Zahl reduziert.
Diese Zahl war: Tangens alpha gleich 2H/S. H = Höhe der Pyramide, S = Länge der Seitenkanten der Basis. Alpha war der Neigungswinkel der Pyramidenseiten. Er betrug nach Messungen mit den modernsten Präzisionsinstrumenten 51° 51′ 14,3″. Diese Winkelbemessung war genau geplant. Der Tangens dieses Winkels ergibt (computerberechnet!) exakt die Zahl 1,2732395 = tan alpha. Diese Größe wurde zum Ausgangspunkt der pyramideneigenen Maßeinheit ausgewählt. Das läßt sich leicht beweisen.

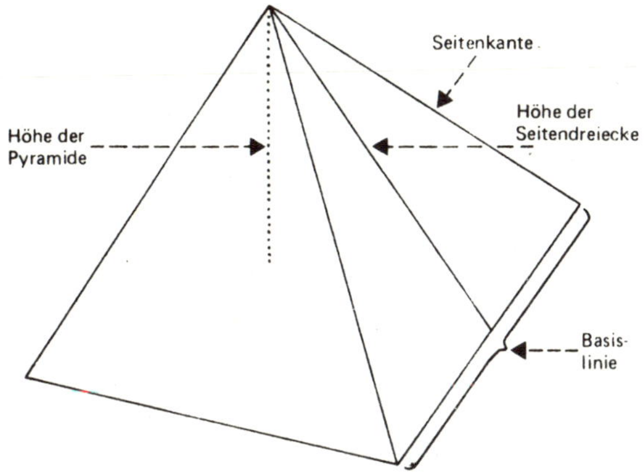

Die Verdoppelung dieser Zahl ergibt 2,5464790. Das ist die präzise Definition des sogenannten „Pyramidenzolls“ in cm umgerechnet. Die Zahlen stimmen exakt bis zur 7. Stelle nach dem Komma.

Hier ergibt sich sogleich eine neue Sensation. Eine englische Zolleinheit ist mit dem ägyptischen Zoll der Pyramide sozusagen identisch. 1 engl. inch mißt 2,54 cm. Seine Multiplikation mit 1,0025508 ergibt exakt ein Pyramidenzoll!

Zudem zeigt sich, daß die Pyramidenerbauer auch unsere Metereinheit benutzt haben (vierzigmillionstel Teil des Erdumfangs). Nach Schwaller de Lubicz zeigt eine Umfassungsmauer aus der 3. Dynastie (Zeit des Pyramidenbaues) eine exakte Teilung von Strichen, die genau 1 Meter voneinander entfernt sind.
25 Pyramidenzoll ergeben eine Heilige Elle, die nur für sakrale Bauten verwendet werden durfte. 25 x 2,5464790 ergibt 63,661975. In cm ist das also die Länge einer Heiligen Elle. Wie man sieht, ist das aber genau gleich 1/2 tan alpha x 10^2. In diesen Größen stimmt jede einzelne Zahl ohne die geringste Abweichung!

Einige Anwendungen dieser Grundmaße mögen ihre Bedeutung für die Konstruktion der Pyramide verdeutlichen.

Der Umfang der Pyramidenbasis U, dividiert durch die doppelte Höhe H, also U/2H ergibt die erstaunliche Rechnung:
(365,2422 x 10^2) / (116,26020 x 10^2) = 930,08159 m / 296,05416 m = 3,1415927 – somit den exakten Wert für Pi, auf 7 Stellen genau!
Genau!
Diese Präzision ist ein Novum für die moderne Pyramidenforschung, zumal die Ägypter die Zahl Pi zur Berechnung des Kreises überhaupt noch nicht gekannt haben konnten.

Die 10^n-Faktoren der Pyramide drücken ein bedeutendes, bisher unbekanntes Naturgesetz aus. Sie ermöglichen insbesondere auch den Vergleich zwischen PYRAMIDE und KOSMOS.

Eine weitere sehr interessante Zahlenbeziehung ist: Ein Pyramidenzoll 2,546479 x 10^2 ergibt 254,6479. Die Quadratwurzel (!) dieser Zahl ist gleich 15,957691 und ergibt damit das Größenverhältnis zwischen Pyramidenhöhe H und der Höhe des Pyramidions (der nur gedachten Fortsetzung der Pyramide über deren Plattform hinaus bis zur mathematischen Spitze).

Die Höhe H, geteilt durch die Heilige Elle ergibt 2,3252040 x 10^2 = 232,52040 m, also eine Basisbreite der Pyramide. Solche Beziehungen lassen sich weiterverfolgen. Damit dürfte das Geheimnis um Maß und Zahl der Pyramide definitiv geklärt sein. Wir erhalten stets äußerst präzise Werte.

Die Folgerung: Solche Beispiele machen deutlich, daß zu dieser Zeit Baumeister am Werk waren, die unseren modernen Begriffen von mathematischer Präzision lächelnd hätten standhalten können.

In der frühindischen Mahabharata befindet sich eine Textstelle, die uns einen Maßstab für die technischen Errungenschaften der Atlantier zu geben vermag. Dort wird gesagt, daß zu der Zeit Raumschiffe (!) gebaut wurden, die für den Verkehr im Sonnensystem ausgelegt waren und andere Schiffe, die für den Verkehr in Sternensystemen gebaut waren. Solche Überlieferungen sollten unseren Wissenschaftlern neue Maßstäbe setzen. Sie sind ganz sicher glaubwürdig.

Unsere Untersuchungen über die Definitionen der Pyramidenzahlen waren sicherlich theoretischer Natur. Wir wollen uns deshalb auch der praktischen Erprobung dieser neuen Zahlen zuwenden.

Die Heilige Elle kommt auch in der Offenbarung Johannes vor, und zwar als Maß, das der Engel hat und als das Maß, das der Mensch hat. Läßt sich eine Identität zwischen beiden Maßstäben herstellen? Darüber wollen wir die Bibel selbst hören. Jesaja 19, 19/20 hat folgenden Wortlaut:
„Zu der Zeit wird für den Herrn ein Altar mitten in Ägyptenland sein und ein Steinmal für den Herrn an seiner Grenze: das wird ein Zeichen und Zeugnis sein für den Herrn Zebaoth in Ägyptenland.“

Es ist bekannt, daß die alten Juden ihren Texten neben dem Wortsinn auch einen tieferen Sinngehalt unterstellten und diesen mit kabbalistischen Rechenmethoden zu ergründen suchten. So erhielt die oben zitierte Textstelle die kabbalistische Zahlensumme 5448,7361. Mit der oben bestimmten Pyramidenelle multipliziert ergibt das 5448,7361 x 2,546479″ = 138,75092 m.

Chephren- und Cheopspyramide; im Vordergrund die Sphynx.

Links im Vordergrund die Sphynx, rechts die Cheops-pyramide.

An dieser Aufnahme kann man erkennen, mit welcher Genauigkeit die Neigung der Pyramidenkante eingehalten wurde.

An diesen Blöcken ist die starke Erosion gut zu erkennen. Sie bestätigt das enorm hohe Alter der Pyramiden von Gizeh in Ägypten.

In ihrem Buch „Die Bauten der Außerirdischen in Ägypten" führen Hermann Ilg und H. P. Schaffer dazu aus: „Über das Alter wurde viel gerätselt und spekuliert. Wenn die einschlägige Wissenschaft ein Alter annimmt, das zwischen 4000 und 5000 Jahren liegt, so muß dem entgegengehalten werden, daß in diesem Falle das Verwitterungsmaß von Granit gleich NULL gewesen wäre."

Und weiter lesen wir dort: „Selbst die weniger harten Kalksteine hätten noch Formkonstanz gezeigt im Vergleich zu dem heute sichtbaren Verwitterungsprozeß. Jede Annahme, die davon ausgeht, daß man die Pyramiden in einen Zusammenhang bringen müsse mit der Regierungszeit eines Pharao, geht fehl. Und jede Annahme, die den Ägyptern die Weisheit zumißt, die in der Großen Pyramide verborgen ist, geht ebenfalls fehl. Nur eine Erkenntnisstufe, die nicht von dieser Erde stammt, konnte solche Bauwerke erschaffen und der Menschheit eine Symbolik hinterlassen, die in ihrer Aussagekraft ohne Vergleich ist."

Geebnete Fläche vor den Pyramiden.

Historische Darstellung von Sphynx und Pyramiden.

Das aber ist ein mehr als verblüffendes Ergebnis. Nämlich: Die Höhe der Pyramide von der unteren Plattform (Terrasse) bis zur oberen Kante des Pyramidenkegels beträgt genau 138,75092 m. Die Angaben stimmen mit einer Präzision bis zu hundertstel mm genau. Die physische Höhe der Pyramide bestätigt mit einer nicht zu überbietenden Genauigkeit die Übereinstimmung der biblischen Heiligen Elle mit der Heiligen Elle der Pyramide.

ZUFALL? Bei diesem Maß an Genauigkeit dürfte wohl der Zufall total außer Betracht kommen. Ein solcher Zufall ist einfach undenkbar.

Menschliche Absprachen? Weniger denkbar. Als Jesaja seinen Text schrieb, war die Pyramide bereits 2000 Jahre alt. Niemand hatte mehr eine Ahnung von ihren Bauplänen und Ausmessungen, geschweige denn von geheimen Pyramidenmaßen. Zu den Atlantiern bestanden keine Beziehungen mehr. Zwischen den Juden und den Ägyptern ebenfalls nicht. Die Juden isolierten sich sehr streng von den „heidnischen" Göttern der Ägypter. Sie wurden stets angehalten, ihre eigenen familiären Traditionen hoch über die der Nachbarn zu stellen. Gerade Jesaja war ein strenger Verfechter der reinen jüdischen Religion und duldete keine fremden Einflüsse.

Woher kamen dann die unerhört präzisen Zahlen des Bibeltextes? Ein Fall göttlichen Diktats in einem Prophetentext? Das würde den Fall am einfachsten erklären. Dazu benötigen wir aber noch einige weitere Beweise, die diese Auffassung stützen.

Die Cheopspyramide selbst hat keine offiziellen Inschriften, nur das Wort „Cheops“.
Dagegen befindet sich im Tempel der Sphinx zwischen den Klauen des Hüters der Geheimnisse eine Inschrift folgenden Wortlauts:
„Ich bin der Herold und Zeuge Gottes – Er schuf mich mit menschlichen Empfindungen – und legte in mich ein Geheimnis.“

Da wäre ein Hinweis, der uns weiterführen könnte! Vergleichen wir diese Formulierung mit dem Jesajatext. Hier steht: „Zu der Zeit wird für den Herrn ein Altar stehen mitten in Ägyptenland und ein Steinmal für den Herrn an seiner Grenze; das wird ein Zeichen und Zeugnis sein für den Herrn Zebaoth in Ägyptenland.“

„Herold und Zeugnis Gottes“ im Sphinxtempel, „Zeichen und Zeugnis für den Herrn Zebaoth“ im Jesajatext, das sind absolut kongruente Bezeichnungen, die eine festgehalten um etwa 2700 – 2800 vor Christus, die andere um etwa 700 vor Christus, dazwischen 2000 Jahre.

Diese Bekundungen gehören damit zwei ganz verschiedenen Generationen an, die sicher nichts miteinander zu tun hatten und zwischen denen keine Verbindung bestand. Trotzdem gleiche Bekundungen. Diese Tatsache nötigt uns zu dem Schluß, daß der Autor der Pyramiden zugleich auch der Autor des Bibeltextes war: Wir stehen vor der verbindlichen Aussage einer religionsschöpfenden Macht oberhalb des menschlichen Einflusses und oberhalb der menschlichen Einsicht.

Also hätten die Atlantier das Kolossalgebäude der Pyramide auf höhere Veranlassung gebaut, um ein unverkennbares Zeugnis höheren Waltens zu hinterlassen? Das wird immer wahrscheinlicher, je mehr man sich mit diesem Problem befaßt.
Zweifellos war die Pyramide als eine Stätte höherer Einweihungen konzipiert worden.
Tatsächlich stellt die Pyramidenbotschaft eine wissenschaftliche Renaissance der uralten Kabbala dar, eine ausführliche Darstellung der Seelenwanderung im Kosmos, wie sie Henoch erlebt hatte und als Zeuge dieser nachtodlichen Erfahrung in der Pyramide durch Philitis bezeugt sehen wollte. Den Atlantiern waren diese Tatsachen innerhalb der kosmischen Wissenschaft längst bekannt, wie ihre positive Reaktion auf den Pyramidenbau bezeugt.

Hier sieht man den „Sarkophag" in der Königskammer der Cheopspyramide. Er besteht aus einem zum Trog bearbeiteten Granitblock. Die schmucklose und einfache Form läßt nicht erahnen, daß er zur Einweihung von Adepten diente. Sie nahmen darin die kosmischen Energiestrahlungen auf und erreichten dadurch ein immenses Wissen.

1. Pyramidenenergie – kosmische Energie?

Schon im Altertum zählte die große Pyramide zu den sieben Weltwundern der Menschheit.

Welches Geheimnis verbirgt sich in ihrer Größe, Form und ihrem Inhalt? Noch immer rätseln die Menschen daran herum, sind aber bis heute zu keinem greifbaren Ergebnis gekommen. Realität für Mystiker, Erstaunen bei den Philosophen, Verlegenheit im Kreise der sogenannten Wissenschaft, das ist die Situation, wenn es sich um das größte und älteste Bauwerk der Welt handelt, die Cheopspyramide in Ägypten.

Alles an diesem Bauwerk ist in Rätsel gehüllt: sein Alter, seine Erbauer, seine Konstruktion und sein Zweck.

Wir ergründen das Wesen des Protoplasma, können lebensfähige Teile der DNS und RNS und deren Lebensstrukturen isolieren und deuten, Menschen in den Weltraum katapultieren, mit dem kohärenten Licht des Laserstrahls heilen und töten, Atome spalten, und doch fordern die ältesten aller überlieferten Technologien Untersuchungen heraus, die bis heute noch zu keinen greifbaren Ergebnissen geführt haben.

Wir vergrößern ständig die Tiefe unseres Wissens, um uns und unsere Umwelt zu begreifen, aber den Sinn und Zweck der CHEOPSPYRAMIDE haben nur Auserwählte begriffen und ihr Wissen mit ins Grab genommen.

Universelle Bedeutung aber kommt schon dem kleinen Teil ihrer Geheimnisse zu, die sie uns preisgab. Ihnen gehört und gilt meine ganze Hingabe und Forschung. Ich hoffe, wie viele andere vor mir, daß die Menschheit eines Tages sich viel mehr als heute mit der Erforschung und Verwendung der PYRAMIDENENERGIE befassen wird, um die Erkenntnisse, die darin enthalten sind, zum Wohle der gesamten Weltbevölkerung einzusetzen.

Es fängt damit an, daß wir den Formen unserer Gebäude viel mehr Beachtung schenken sollten und auch deren Standort, denn pyramidenähnliche Gebäude haben ganz eindeutig eine gesundheitsfördernde und teilweise keimfreimachende Wirkung auf Mensch, Tier und Pflanze.
Das beweisen uns immer wieder die Amerikaner, die schon viele Pyramidenhäuser in ihrem Land stehen haben und die Pyramidenenergie und deren Einsatzmöglichkeiten in vielen Universitäten und privaten Forschungsanstalten überprüfen, zu unser aller Nutzen und Vorteil.

Das Wort PYRAMIDE stammt aus dem griechischen „PYRO“, was Feuer heißt, und „AMID“, was soviel wie: sich im Zentrum befinden bedeutet. Die Erforschung der PYRAMIDENENERGIE könnte den langersehnten Schlüssel zu einer ganzen Reihe von Erscheinungen liefern, die heute noch unklar sind und einer Erklärung bedürfen.
Sobald man einmal die Gesetze dieser Energie erkannt hat, werden wohl verschiedene Phänomene, die vom Schulwissen noch heute ignoriert werden, eine einfache Erklärung finden. Es scheint sich zu bestätigen,

daß verschiedene sogenannte psychische Phänomene keine zufallsbedingten Einzelerscheinungen, sondern ein Ergebnis der Pyramidenkraft sind.

Zufälle gibt es nicht, denn das wären WIRKUNGEN ohne URSACHEN.

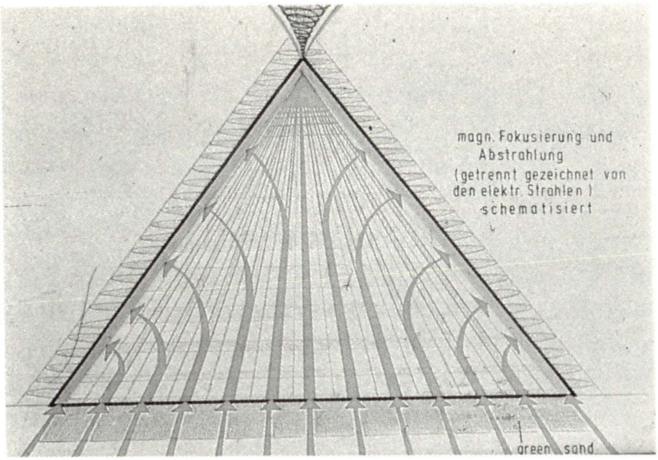

Man nimmt heute an, daß die große Pyramide nicht nur ein Energiesammler, sondern auch ein Energieumwandler ist. Wissenschaftlich ist ja erwiesen, daß jedes Objekt, in dem sich Energie in Schwingung befindet, als Resonanzkörper wirken kann, so daß sich die Energie in diesem Körper auf einen bestimmten Mittelpunkt konzentriert. Dabei ist es ganz egal, ob das Objekt hohl oder massiv ist, oder ob es nur aus Stangen oder Balken besteht.

Meine Hypothese ist, daß die große Pyramide von Gizeh ein Sammelpunkt von Energien aus dem Universum ist und auch eine Verbindung dahin herstellen kann oder herstellt. Diese Energieeinstrahlung wird in der Pyramide fokussiert und wirkt als scharf gebündelte Energie auf Materie und Moleküle eines jeden Objekts, das in diese Strahlung gerät.

Überall in der Welt trägt die Erde noch geheimnisvolle Bauwerke aus der Frühgeschichte der Menschheit, die noch heute der Enträtselung harren.
Wir stehen oft staunend vor ihnen, und unsere Wissenschaftler können nicht mit letzter Schlüssigkeit nachweisen, wer die Kunstwerke schuf, was sie bedeuten, was sie aussagen und wofür oder für wen sie errichtet wurden.
Dies gilt für die Megalithe in der Bretagne ebenso wie für die Externsteine, das Riesenobservatorium in Stonehenge, die gigantischen Steinfiguren mit Menschenantlitz auf der Osterinsel oder die Monumentalbauten der Mayas und Inkas und im besonderen für die große Pyramide von Gizeh in Ägypten.

An vielen Stellen der Erde sind sie zu finden: Steindokumente riesigen Ausmaßes, Zeugen von Völkern, von denen man kaum etwas weiß, Relikte eines Kultes, den man nur erahnt.
Unsere Erkenntnisse sind voller Widersprüche, auch was die Erbauer angeht.

Glaubt man den Geschichtsbüchern, so sind die Pyramiden zwischen 2551 und 2528 v. Chr. während der Vierten Dynastie erbaut worden. Das wage ich zu bezweifeln. Um die 2 300 000 Steinblöcke von einem Gewicht bis zu 70 Tonnen auf eine Höhe von 149 Metern aufzutürmen, hätte man pro Steinblock nur zwei Minuten Zeit gehabt, und das auf die Dauer von 10 Jahren – oder 20 Minuten pro Block über einen Zeitraum von 100 Jahren. Auch hätten in dieser Zeit noch alle anderen Arbeiten verrichtet werden müssen: Das Brechen der Steine im Steinbruch auf der anderen Nilseite, ferner das Sägen, das Polieren und der Transport der Steine zur Baustelle. Dies alles wäre auch bei einem Aufgebot von 100 000 Menschen in der angegebenen Zeit nicht zu bewerkstelligen gewesen. Dabei ist die Zeit für die Nivellierung des Geländes, für die Grabung der tieferliegenden Gänge sowie für die Fertigung und Bereitstellung der Arbeitsgeräte, Lebensmittel und Unterkünfte noch gar nicht berücksichtigt. Kannten die Ägypter vielleicht die Aufhebung der Schwerkraft, bewirkt durch die geistige Konzentration einer Gruppe ausgesuchter Priester? Dann wäre es ein leichtes gewesen, Steine dieser Größe auf die gewünschte Höhe aufzuschichten.

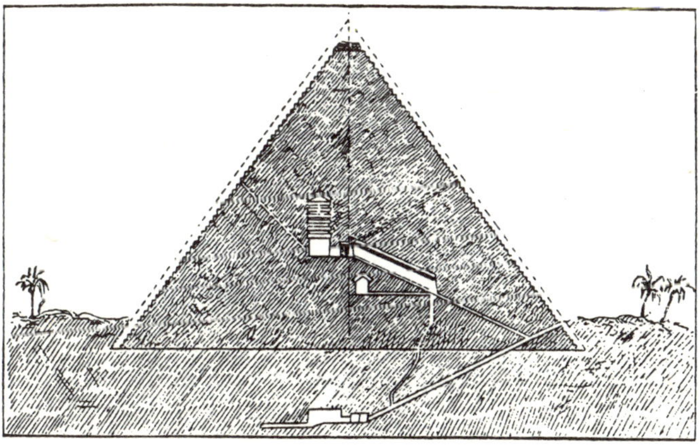

Längsschnitt durch die Cheopspyramide.

Die große Pyramide von Gizeh liegt genau im Mittelpunkt der Ländermassen unserer Erde, und ihre heutige Höhe beträgt 146 Meter. Die fehlende Spitze soll zur damaligen Zeit aus purem Gold oder aus reinem Kristall bestanden haben.

Die folgende Skizze, die mein Freund und Mitarbeiter in Sachen Pyramidenenergie, Hermann Becker, wissenschaftlicher Zeichner an der Universität Marburg, angefertigt hat, zeigt unten das Erdmagnetfeld, das in etwa 2 x 2 m quadratisch angeordnet ist und oben bei dem Eintritt über dem Apex der Pyramide, also der Spitze, in eine Drehung versetzt wird und sich dadurch innerhalb der Pyramide in eine elektromagnetische Energie umwandelt, ähnlich einem Wassertrichtereffekt bei Regen.

Durch die Rotation der Erde entsteht in den Elektronenströmen, welche die Sonne zur Erde schickt, ein senkrecht zur magnetischen Süd-Nord-Achse gerichteter elektrischer Strom, der von Ost nach West verläuft. Dadurch, daß nach physikalischen Erfahrungen elektrische und magnetische Felder immer senkrecht zueinander schwingen, trägt die Pyramide diesen beiden Tatsachen voll Rechnung. Weil in der Pyramide die obengenannten Felder zugleich auftreten, wird nach Losensky-Philet eine dritte Kraft wirksam: der sogenannte POYNTINGVEKTOR.
Dieser ist weder magnetisch, noch elektrisch, sondern völlig neutral.
Bei horizontaler Lage der elektrischen und magnetischen Felder ist der Poyntingvektor auf die Basis der Pyramide gerichtet. Außerdem sollen die resonanten

Wellenlängen von unten nach oben abnehmen, so daß in paralleler Schichtung die horizontal übereinander liegenden kurzwelligen Energien eine Energiezunahme bewirken und sich innerhalb der Pyramide wie eine Feder komprimieren. Der dadurch nach unten bedingte Stoßstrahl soll nach Losensky-Philet grün polarisiert sein und Energiepressungen saturnischer Art, wie Kälte, Härte, erstarrende keimlähmende Tendenzen zeigen. Weiter vermutet er, daß die elektrischen Energien die Pyramide vor der Spitze verlassen, während die magnetischen Strahlen seitlich austreten. Diese Erkenntnis soll diese Zeichnung versinnbildlichen.

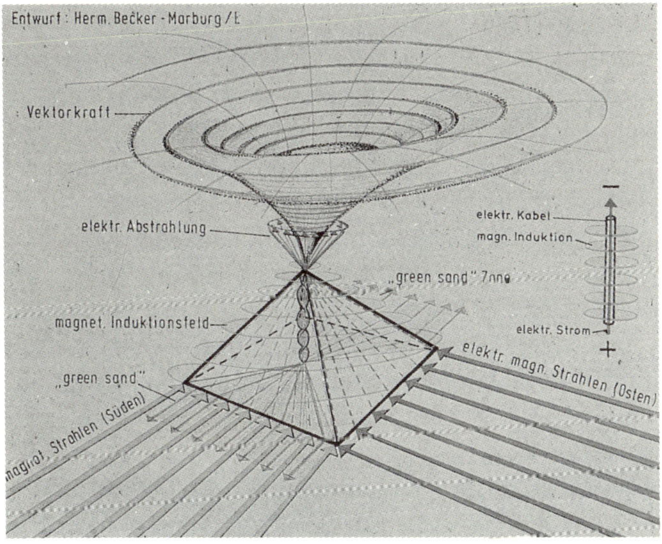

Wenn wir die beschriebenen elektromagnetisch gebündelten Feldlinien sowie Licht- und Wärmestrahlung berücksichtigen, haben wir einen überdimensionalen Schwingquarz vor unseren Augen. Die freigewordene elektrische Energie verläßt die Spitze in einem sogenannten Trichterwirbel.

Hermann Becker vermutet, daß die Pyramide von Gizeh den größten je erbauten „Orgon-Akkumulator" darstellt.

Wilhelm Reich konstruierte zu seiner Zeit Orgon-Akkumulatoren. Das waren Kästen, die wechselweise aus einer ansaugenden und einer abstrahlenden Schicht bestanden. Innen waren sie mit Eisenblech ausgeschlagen, dann folgte eine Schicht Wolle oder Glaswolle, Tierwolle oder Haare, dann Stahlwolle und dergleichen. Es wurden Akkumulatoren konstruiert, die aus 5, 8 oder 10 Schichten bestanden. In diese Geräte setzte Wilhelm Reich kranke Menschen, die innerhalb weniger Monate kräftemäßig stark aufgeladen wurden. Eigenartigerweise benötigt man für diese Akkumulatoren weder Strom noch sonstige Energiequellen. Sie bewirken eine der Physik bisher unbekannte Strahlung, durch die physisch verkrampfte Menschen ihre Verkrampfungen verloren und Krebskranke ihre Schmerzen.
Auch wurde bei dieser Behandlung eine Verbesserung des Blutbildes beobachtet. Soviel in aller Kürze zur Orgonenergie, die ähnlich der Pyramidenenergie wirkt.
Durch dieses Bild von Hermann Becker soll aufgezeigt werden, daß die Pyramide ein großer Orgon-Akkumulator ist, und zwar trifft von Osten, bedingt durch die Sonne, die gleiche Anzahl von Meridianen als elektromagnetische Aufladung auf die Basis der Pyramide.
Die äußere Schicht der Pyramide bestand ursprünglich aus einer Kalkschicht, sie hatte ansaugende Eigen-

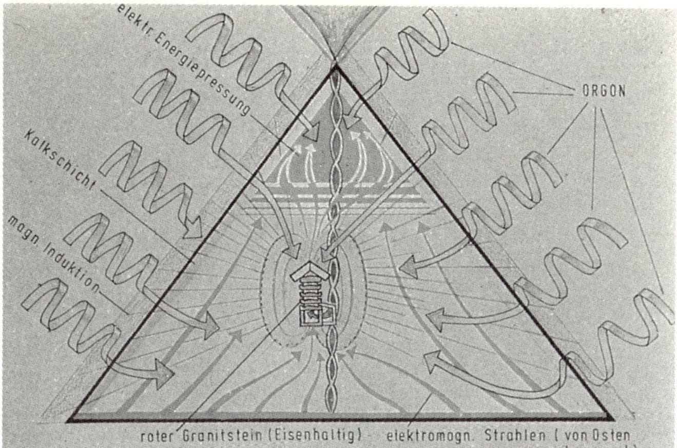

energetisches Modell der Cheops-Pyramide nach H. Becker

schaft. Der Kalkschicht folgte ein stufenmäßiger Aufbau aus Granitstein.
Granitstein besteht vorwiegend aus Kiesel und verschiedenen Metallen, vorwiegend Eisen. Die Ägypter nannten Granit den göttlichen Stein. Die Königskammer besteht sogar aus rotem Granit. Dieser ist besonders eisenhaltig. Die abgewinkelten Deckplatten der Königs- und der Königinnenkammer sind ebenfalls Kalkplatten. Ebenso bestand auch die Vorkammer zur Königskammer aus Kalkstein. Bei den 2.300.000 eingearbeiteten Steinen besteht die Möglichkeit, daß die Pyramide nicht nur einen reinen Granitkern besitzt, sondern daß um die Königskammer herum auch Kalksteine verwendet wurden. Es wäre auch denkbar, daß abwechselnd eine Schicht Kalk- und Granitstein ihre Verwendung fanden.

Selbst wenn die Pyramide in weitaus größerem Maße aus Kalksteinen bestünde und nur die Königskammer aus rotem Granit, wäre in diesem Falle eine orgonähn-

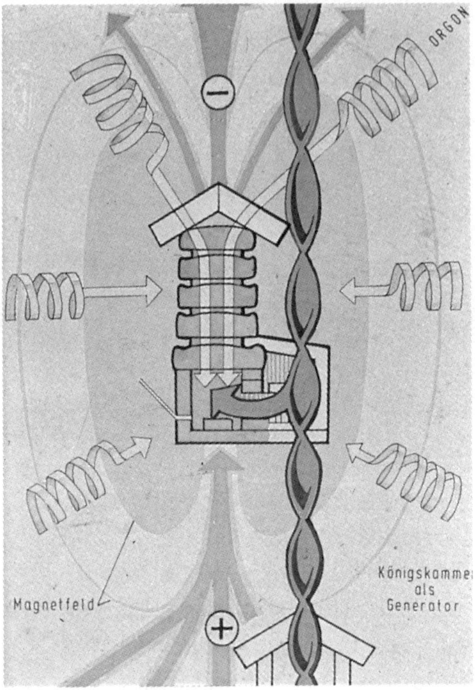

liche Wirkung zu erzielen, nämlich: kalkansaugend und granitabstrahlend.

Hermann Becker überläßt es den Physikern und Mathematikern, den Piezoelektrischen Effekt zu errechnen, der durch diese Erdmagnetfeldverdichtung und Verstärkung durch die Quarz-Eisen-Granit-Steine entsteht. Als piezoelektrischen Effekt bezeichnet man die Entstehung elektrischer Spannung in Kristallen bei bestimmten Druckzuständen. Man verwendet sie beispielsweise in Feuerzeugen.

Nach diesen theoretischen Vorüberlegungen sollen im folgenden die vielfältigen Wirkungsweisen und Einsatzmöglichkeiten von Miniaturpyramiden vorgestellt werden. Es ist zu hoffen und zu erwarten, daß die kreative Anwendung der Pyramidenenergie durch möglichst viele Menschen auch zu einer weiteren Erschließung der innewohnenden Gesetze und Kräfte führen wird. Aus diesem Grunde sind die im folgenden vorgestellten Versuche und Experimente nur als Vorschläge und Anregungen für eigene Versuche zu sehen. Dabei mögen die vom Autor beschriebenen Pyramidenmodelle eine nützliche Hilfe sein.

Es besteht eine gute Möglichkeit, unter einer Pyramide zu meditieren. Unter einer Pyramide entsteht ein Energiefeld, das für die Meditation bestens geeignet ist und zu guten Ergebnissen führt.

Auch zu heilenden Sitzungen soll die Pyramide sehr gut geeignet sein. Bill und Carol Baines praktizieren das schon Jahre im „Chapter of the Psychical Research Society“ in Los Angeles, Kalifornien, USA.

Lassen Sie Kinder unter Pyramiden ihre Schularbeiten

machen, und Sie werden sehen, daß sie sich häufig viel besser konzentrieren können und bessere Leistungen erzielen.

Bei Tieren und Menschen baut diese Energie Aggressionen besser ab, und als Lampengehäuse verwendet ergeben sich in der Chromotherapie sehr gute Ergebnisse. Dies konnte auch durch Farbbestrahlungsversuche mit Pyramidenenergie-Generatoren bestätigt werden.

Blumen unter Pyramiden oder auf Generatoren wachsen und gedeihen besser, und auch zur Vogelaufzucht ist diese Energie bestens geeignet.

Man kann auch Obst, Pflanzen und Gemüse energetisch darunter aufladen, Wasser geschmacksverbessern und selbst Rasierklingen und Messer lassen sich darin schärfen (rekristallisieren). Meßbar ist diese Energie vorerst nur mit dem Pendel und der Wünschelrute, und sie wird durch die Tatsache deutlich, daß die Klingen wieder scharf sind, aber durch die neuen Erkenntnisse auf dem Elektronensektor dürfte die Entwicklung eines Meßgerätes für die Pyramidenenergie nicht mehr allzufern sein.

Ein bekannter Heilpraktiker erzielte sehr gute Heilerfolge in seiner Praxis, indem er Patienten die Hände in Minipyramiden legen ließ oder die Pyramiden direkt auf die zu behandelnden Stellen setzte.

Sehr viele für Pyramidenenergie aufgeschlossene Ärzte setzen diese neuartige Energieform bereits in ihren Praxen ein, so auch ein Münchener Arzt, wie man in der Illustrierten „Bunte“ Nr. 18/85 unter dem Titel „Die Gesundmacher“ nachlesen konnte.

Vor etwa drei Jahren war ein bekannter Bauingenieur und Architekt in die USA gereist, um sich über neueste Tendenzen im Häuserbau zu informieren.
Auf einem Bürohaus entdeckte er einen Dachaufbau in Pyramidenform. Die in den darunterliegenden Räumen verursachten Störungen durch die Neonbeleuchtung wie Kopfschmerz, Migräne, Müdigkeit usw. wurden dadurch auf ein Mindestmaß reduziert.

Professor F. Plog baut in Arizona/USA Wochenendhäuser, alle in Pyramidenform, und die Bewohner berichten von gesünderem Schlaf, besserer Kondition, geistiger Regheit und körperlichem Wohlbefinden. Kinder erzählten, daß sie sich viel besser auf ihre Schularbeiten konzentrieren konnten und bessere Noten mit nach Hause brachten, wenn dies unter Pyramiden geschah.

Ein Pyramidenhut als Kopfbedeckung hebt das Allgemeinbefinden und Punktbestrahlungspyramiden in Praxen eingesetzt ergeben sehr gute Behandlungsergebnisse. Als Deckenpyramide verhindert sie zum großen Teil Erkältungskrankheiten durch Bakterienverminderung, was durch ein bakteriologisches Gutachten bestätigt wird.

Seit Jahren haben wir ein Überkopfsystem in unserem Wohnzimmer hängen und können diese Auswirkungen vollauf bestätigen.

Wie Sie sehen, sind dem Einsatz der Pyramidenenergie, hier kurz „PYREN“ genannt, keine Grenzen gesetzt.

Auch Pyramidenanhänger gibt es bereits auf dem Markt, die eine positive Wirkung auf den Träger haben sollen. Hier sehen Sie eine Kirlianfotografie davon.

2. Was Sie mit Ihrer PYRAMIDE alles tun können!

Versuchspyramiden sind im exakten Verhältnis zur „großen Pyramide“ von Gizeh gestaltet worden und müssen, damit sie richtig funktionieren, so aufgestellt werden, daß eine flache Seite gegen den „magnetischen Norden“ gerichtet ist. Ein Kompaß ist dabei unentbehrlich.
Die Basis der Pyramidologie ist die Hypothese, daß die Form selbst fähig ist, ein Quantum von der besagten „bio-kosmischen Energie“ gefangenzunehmen und scharf einzustellen in ihrer Struktur und daß diese Energie vom Pyramidologisten benutzt werden kann, um Veränderungen in Experimental-Substanzen zu verursachen. So weit wurde demonstriert, daß die Hypothese richtig ist hinsichtlich des Pyramidischen Effektes auf lebende Objekte oder Substanzen so wie lebende Kristalle usw. Kein Zweifel, die Wirkung auf leblose Gegenstände ist ebenfalls gegeben, jedoch sind die Reaktionen von diesen Gegenständen für den Heimexperimentator vorerst noch nicht meßbar.

Wir schlagen deshalb im folgenden einige Experimente vor, um mit der Natur der biokosmischen Energie oder der pyramidischen Macht, also „PYREN“, bekannt zu werden.

GEFRORENE LEBENSMITTEL: Legen Sie sie bitte unter Ihre Pyramide zum Auftauen. Es wird den natürlichen frischen Geschmack zurückgeben.

FLEISCH: Wenn es gefroren ist, tauen Sie es unter der Pyramide auf. Wenn es frisch ist, legen Sie es vor dem Kochen oder Braten etwa eine Stunde unter die Pyramide. Ihr Fleisch wird nicht nur besser schmekken, sondern wird auch noch zarter. Dasselbe geschieht mit Fisch und Geflügel. Wenn man das Fleisch in der Pyramide läßt, wird es eventuell entwässert und vertrocknet sein, da in der Pyramide eine Dehydration, das heißt ein erhöhter Wasserentzug stattfindet, aber es wird nur in den seltensten Fällen verderben sondern unbegrenzt haltbar bleiben. Deshalb lassen Sie immer Luft in Ihre Pyramide, denn es ist eine ausgezeichnete Art, trockenes Fleisch herzustellen mit einer hohen Qualität an Geschmack und Beschaffenheit.

KAFFEE gibt uns eine schnelle und leichte Art, die Energien einer Pyramide zu beweisen und zu erfahren. Eine Tasse Kaffee, die man ca. 20 Minuten unter die Pyramide stellt, wird ihren bitteren Geschmack verlieren. Tassenfertiger Kaffee wird besser schmecken und sogar Kaffee vom Vortag schmeckt nahezu wie frisch filtriert. Sie können auch den frischen Bodensatz oder vollen Krug mit tassenfertigem Kaffee gleichzeitig unter die Pyramide stellen, um zu verhindern, daß jede Tasse einzeln behandelt werden muß. In jedem Fall lassen Sie die Kanne oder den Krug über Nacht mit dem Wasser zum Überbrühen in der Pyramide stehen und kochen Sie damit am nächsten Morgen Ihren Kaffee. Sie werden über den neuen, verbesserten Geschmack erstaunt sein. Dies ist eine ausgezeichnete Art, „PYREN“ Ihren Freunden zu demonstrieren. Auch Tees, in dieser Form behandelt, erhalten ein verfeinertes Aroma und einen besseren Geschmack, von der gesteigerten Wirkung ganz zu schweigen.

SÜSSIGKEITEN: Bonbons, Schokolade usw. werden ebenfalls ihren Geschmack verändern, und zwar mit einem Überraschungseffekt: chemischer oder imitierter Beigeschmack wird entzogen. In Geschmacktests, in denen die Süßigkeiten eine Stunde unter der Pyramide lagen, konnten 80% der Personen, die die Tests ausführten, den Geschmack von Lutschbonbons nicht identifizieren. Süßigkeiten mit künstlichen Farbstoffen schmeckten nach Zuckerwasser, wogegen Süßigkeiten mit natürlichen Fruchtstoffen einen erhöhten Geschmack hatten.

TABAKSORTEN: Gehen Sie folgendermaßen vor: Ihre Zigaretten, Zigarren oder Tabak etwa eine Stunde unter die Pyramide oder auf den Pyramidenenergie-Generator legen, Packungen etwa zwei Stunden, eine Stange Zigaretten über Nacht. Tabaksorten reagieren sonderbar. In den meisten Fällen werden sie milder, jedoch scheinen einige Tabaksorten stärker zu werden. Dabei verlieren sie jedoch den beißenden Geschmack und haben dann das wahre Tabakaroma erreicht. Es scheint, daß dies viele Raucher bevorzugen. Eine kleine Anmerkung dazu: je größer die Menge dessen ist, was unter der Pyramide liegt, desto länger dauert das tatsächliche Eindringen der Energie und die Wirkung auf die Moleküle.

LIKÖR, SCHNAPS und WEINE: Eine andere positive Überraschung: ein Glas Ihres bevorzugten Weines oder Ihres Likörs, 20 Minuten unter die Pyramide gestellt, wird einen milderen Geschmack bekommen. Sogar Billigweine nehmen einen Geschmack an, der teuren fast gleichkommt, so daß sich Weine durch Pyramidenenergie veredeln lassen. Bei einem von uns durchgeführten Experiment begann der Wein unter der Pyramide zu sprudeln, der Gärungsprozeß wurde neu aktiviert. Der Wein schäumte etwa so wie Champagner und hatte einen vorzüglichen Geschmack.

FRÜCHTE, GEMÜSE und OBST: Nach dem Einholen vom Markt etwa eine Stunde unter die Pyramide legen, erst danach wie üblich lagern. Sie werden feststellen, daß alles länger frisch und länger haltbar bleibt als andere Frucht- und Gemüsesorten, die nicht in dieser Weise behandelt wurden. Sie werden ebenfalls bemerken, daß die Früchte den Geschmack wiederbekommen, den sie hatten, als sie gerade vom Baum gepflückt wurden. Wenn möglich, lassen Sie die ganze Zeit eine Pyramide über den Früchten, bis sie verzehrt werden.

MILCH: Ein interessantes Experiment: Stellen Sie Milch unter die Pyramide bis sie sauer wird, es bildet sich weniger Molke, und wenn Sie sie länger stehen lassen, wird sogar ohne irgendwelche Zusätze Käse daraus. Außerhalb der Pyramide wird dies kaum gelingen. Dies ist ein ausgezeichnet durchzuführendes Experiment, das auch Zweifler überzeugt. Sie sollten sich zur eigenen Kontrolle Notizen dazu machen.

BLUMEN: Einen interessanten Effekt kann man bei der Entwässerung von Blumen unter der Pyramide beobachten. Die meisten Blumen behalten ihre Form und ihre Farben und werden auch kaum brüchig, so daß sie nach dem Verblühen wunderbar als Trockenblumen verwendet werden können.
Gießen Sie auch Ihre Blumen mit unter Pyramiden aufgeladenem Wasser, und Sie werden Ihr blühendes Wunder erleben.

WASSER: Wahrhaft faszinierende Dinge geschehen mit Wasser. Als erstes werden Sie natürlich einen definitiven Unterschied im Geschmack von unter der Pyramide behandeltem Wasser feststellen, denn durch die Bestrahlung ändert sich die Molekularstruktur des Wassers. Der Geschmacksunterschied läßt sich am besten bei Sprudelwasser oder Limonaden feststellen. Das behandelte Wasser ist meist sehr viel süßer und verliert zum Teil seinen fremden Beigeschmack. Sprudelwasser wird geschmacksintensiver, und Sie können die darin enthaltenen Salze, Mineralien und Spurenelemente förmlich auf der Zunge spüren.
Wasser bleibt nach der Bestrahlung mit „PYREN" viel länger haltbar, und es wird seine Energie für unbegrenzte Zeit behalten. Blumen, die mit behandeltem Wasser begossen werden, reagieren, als ob sie selbst unter der Pyramide ständen. Getreide zeigte eine doppelt so hohe Wachstumsrate an, nachdem es mit pyramiden-behandeltem Wasser bewässert worden war. Stellen Sie sich täglich einen halben Liter Wasser zum Aufladen unter eine Pyramide. Nach dieser Zeit können Sie damit Blumen gießen, es zu Schnittblumen geben, damit sie länger haltbar bleiben, zum Spülen Ihrer Haare benutzen, damit sie lockerer und glänzender

werden. Tupfen Sie auch Ihr Gesicht damit ab und Ihre Augen, und Sie werden erstaunt sein über die Glätte Ihrer Haut.

Eine Besonderheit finden Sie bei Wasser, das im Freien steht.
Normal bilden sich nach etwa 6 Wochen Algen, und kleine Tierchen bevölkern das Becken.
Steht aber das Becken unter einer eingenordeten Pyramide, so bilden sich keine Algen. Kaum Tierchen sind mehr darin zu finden, und das Wasser bleibt lange Zeit klar.
Diesen Versuch unternahm ich unter einer 3 Meter hohen Holzstangenpyramide. Das darunterstehende Wasser war fast drei Jahre klar und ohne Algenbildung (bis mir das Becken durch Frosteinwirkung platzte).
Das in 5 Meter Entfernung stehende Kontrollbecken dagegen war nach 6 Wochen total veralgt.
Über das unter der Pyramide stehende Wasser ließ ich ein Gutachten von Dr. Cochlovius anfertigen, das besagt, daß sich wohl Bakterien im Wasser befanden, daß sie aber nicht mehr kulturell anzüchtbar waren. Das heißt, sie konnten sich nicht mehr vermehren.
Bauplaner sollten dies beim Bau von Schwimmbädern viel mehr berücksichtigen, zumal dadurch der Verbrauch von chemischen Mitteln bedeutend zu senken wäre und unsere Umwelt nicht mehr so belastet würde.

PFLANZEN: Sie scheinen in diesem Energiefeld besonders gut zu gedeihen. Wenn Ihre Pflanzen schwach sind, geben Sie sie etwa eine Stunde pro Tag unter die Pyramide, Vorsicht aber bei Gummibäumen, sie sind sehr empfindlich. In dieser Weise werden Sie vielen

Pflanzen helfen, besser zu gedeihen. Neuer Samen, der in der Pyramide gelagert wird, keimt mit einer Wachstumsrate, die größer ist als die des gewöhnlichen Samens, der außerhalb der Pyramide aufbewahrt wird. Auch Saatgut der Landwirte, unter Pyramiden aufgeladen, bringt bessere Keimfähigkeit und einen höheren Ertrag. Lebende Zellen trocknen nicht aus, daher findet ein Wasserentzug nicht statt.

SCHÖNHEITSMITTEL: Legen Sie all Ihre Schönheitsmittel und Cremes, Lotionen, Salben und Reiniger unter die Pyramide oder auf den Pyramidenenergie-Generator, um deren Wirksamkeit zu erhöhen. Da die Wirksamkeit schwach ist, dürfen Sie keine Wunder erwarten. Aber nach einiger Zeit werden Sie den Unterschied schon erkennen.

STÖRZONEN: Bioenergetische Störzonen, die noch heute von der Schulwissenschaft in Zweifel gezogen werden, aber dennoch vorhanden sind, können evtl. durch Kupferpyramiden oder Generatoren zum großen Teil abgeschirmt und eliminiert werden. Sie sollten aber vorher von einem geeigneten Rutengänger prüfen lassen, wo sich die Störquellen befinden. Es liegen uns Berichte vor, daß auch Schlafstörungen aufgehoben worden sind.

FARBEN: Man hat festgestellt, daß Farben, vor dem Streichen unter Pyramiden gestellt, streichfähiger werden.

KOCHZEITEN verringern: Stellen Sie die Menge Wasser, die Sie zum Kochen Ihrer Kartoffeln oder Gemüse benötigen, etwa zwei Stunden unter die Pyramide oder auf den Generator. Das in diesem Wasser Gegarte wird in etwa 10 Minuten früher fertig sein und trägt somit zur Energieersparnis bei.

ALGENBILDUNG: Stellen Sie eine Pyramide über das zu behandelnde Wasserbecken, Schwimmbad oder Aquarium, oder legen Sie ein paar Pyramidenenergie-Generatoren hinein. Die Algenbildung wird sich meist auf ein Mindestmaß beschränken, denn die Algen lassen sich, laut einem Untersuchungsgutachten, das uns vorliegt, nicht mehr kulturell anzüchten, das heißt, sie sind nicht mehr vermehrungsfähig.

TROCKNEN: Nehmen Sie frisch geschnittene Kräuter, Pflanzen, Blumen oder gesammelte Pilze und trocknen Sie sie unter einer Pyramide. Sie behalten ihren frischen Originalgeschmack, ihr Aussehen und zum Teil auch ihren Saft und bleiben zudem elastisch.

ALLGEMEINE SCHWÄCHE: Fühlen Sie oder auch Ihre Tiere sich einmal schwach, so legen Sie den Generator oder eine Pyramide im Wechsel auf die Wirbelsäule oder den Solarplexus und Sie werden, wie viele vor Ihnen, eine wohltuende Wirkung verspüren. Bei Tieren gleiche Handhabung.

MEDITATION: Unter Pyramiden zu meditieren ist ein Erlebnis, das Sie sonst kaum erreichen, denn es erhöht sich nicht nur die Meditationstiefe, sondern die Einwirkung der Strahlungen aus dem Kosmos wird intensiviert und die Erlebnisschwelle dadurch erhöht.

VITALITÄT: Viele Pyramidenbenutzer bestätigen, daß bei regelmäßigem Schlafen in Pyramidenmodellen oder auf der aufgeladenen Platte des Generators ihre Vitalität gesteigert und ihr Wohlbefinden verbessert wurde.

FARBTHERAPIE: Wenn Sie Ihren Generator oder Ihre Pyramide mit folgenden Farben versehen, können Sie die Wirkungen selbst verfolgen:
ROT zum Aufladen bei Energieverlust und zur Steigerung der Tatkraft, sie hat die größte Durchdringungsfähigkeit und Wirkungstiefe.
GELB stärkt die Nerven, wirkt aufmunternd, erheiternd und behaglich.
GRÜN bringt Ruhe, Zufriedenheit und inneren Frieden, wirkt beruhigend und entspannend.
BLAU gibt Ruhe und noch mehr Entspannung, vermittelt Stille und Geborgenheit sowie ein Gefühl der Weite und Unendlichkeit.
VIOLETT ist die Farbe der höchsten Entspannung und Ruhe bis zum Tiefschlaf oder Somnambulismus hin. Stellen Sie Ihre Farbpyramide vor dem Einlaufen Ihres Badewassers in die Badewanne, und Sie werden obengeschilderte Effekte in den meisten Fällen verspüren.

GEDANKENVERSTÄRKER: Ihre Pyramide oder den Generator können Sie auch als Gedankenverstärker verwenden. Schreiben Sie Ihre Wünsche auf einen Zettel und legen Sie ihn unter die Pyramide oder auf den Generator. Denken Sie fest daran, daß sie in Erfüllung gehen. In vielen Fällen wird die Wirkung nicht ausbleiben.

AUTOFAHRTEN: Bei längeren Autofahrten empfiehlt es sich immer, eine Pyramide oder einen Pyramidenenergie-Generator im Fahrzeug aufzustellen. Man hat nicht nur festgestellt, daß Negativ-Ionen erzeugt werden, sondern, daß man sein Ziel in den meisten Fällen viel frischer und nicht erschöpft erreicht. Auch wurde beobachtet, daß sich der Kraftstoffverbrauch reduziert, wenn eine Pyramide oder ein Generator über dem Tank angebracht wurde.

HÄUSERBAU: Man sollte der Form unserer Häuser viel mehr Beachtung schenken, denn in den USA ist man zu der Erkenntnis gekommen, daß in Häusern mit Pyramidenform eine viel bessere Atmosphäre herrscht. Die Anfälligkeiten gegen Krankheiten wurden herabgesetzt und die bioenergetischen Störungen werden auf ein Mindestmaß reduziert. Von den weiteren bekannten positiven Wirkungen auf Mensch, Tier und Pflanze gar nicht zu reden.

Dies sind die wohl wichtigsten Ergebnisse der Forschung mit Modellpyramiden. Viele Ergebnisse bedürfen sicherlich noch einer Erweiterung und Vertiefung. Die breite Anwendung der Pyramidenenergie in der Öffentlichkeit und in der Wissenschaft wird bestätigen, daß der Einsatz dieser Energie in allen Bereichen des täglichen Lebens dem Wohle und Nutzen der gesamten Menschheit dienen wird.

Zur Vereinfachung eigener Versuche stehen heute eine große Anzahl von Modell- und Experimentierpyramiden zur Verfügung, die im folgenden vorgestellt werden sollen.

3. Beschreibung der Pyramidentypen und deren Einsatzmöglichkeiten

BIOMAGNET-PYRAMIDEN:

In vielen Ländern der Erde beschäftigen sich heute mehr und mehr namhafte Wissenschaftler mit der Magnettherapie. In den siebziger Jahren behandelte schon Dr. N. Nakagawa, Leiter eines Hospitals in Tokio, 11. 000 Patienten mit Magneten. Die Patienten litten in der Mehrzahl unter akuten Muskel- und Gelenkschmerzen. Bei der Anwendung an Patienten, die bereits alle ihnen zugänglichen Therapien erfolglos versucht hatten, zeigten sich immer wieder erstaunliche Erfolge. Von diesen und ähnlichen Fällen schreibt der bekannte Schweizer Naturarzt Holger Hannemann in seinem Taschenbuch „Die Heilkraft des Magneten“:

„Die Anwendung von Biomagnet-Pyramiden führt zu einer gezielten energetischen Reharmonisierung des gesamten Organismus und kann auch von Laien angewandt werden. Ich möchte aber immer wieder darauf hinweisen, daß Schmerzen Alarmsignale sind und eine ärztliche Untersuchung ratsam erscheinen lassen. Träger von Herzschrittmachern dürfen diese Biomagnet-Pyramiden auf keinen Fall anwenden.
Durch die Magnetkraft wird der Organismus in seinem Bestreben, voll zu funktionieren, unterstützt, das heißt, die schwachen Körperzellen werden wieder neu „aufgeladen".

Biomagnet-Pyramiden gibt es in verschiedenen Ausführungen:
Kunststoff mit Magneten 700 und 1000 Gauss.
Metall mit Magneten 700 und 1000 Gauss.

PYRAMIDENENERGIE-GENERATOREN:

Pyramidenenergie-Generatoren bestehen aus 4 x 5 = 20 kleinen Pyramiden, deren Grundmaße 12,8 cm x 10,7 cm betragen bei einer Höhe von 2,5 cm. Sie bestehen aus Kunststoff und beinhalten ein eigenes Magnetfeld, so daß das Einnorden entfällt. Durch seine geringe Größe hat das Gerät selbst in einer kleinen Handtasche Platz und kann somit immer mitgeführt werden. Da die Einsatzmöglichkeiten, wie im vorigen Kapitel beschrieben wurde, sehr vielseitig und fast unbegrenzt sind, sollten Sie das Gerät immer zur Verfügung haben.
Zur Zeit laufen sogar Versuche, den Generator zur Benzin- und Heizölersparnis einzusetzen. Der Erfolg: Zum Teil bis zu 10% Ersparnis, festgestellt durch verschiedene Testpersonen.
Zu dem Generator gibt es Platten zum Aufladen. Sie werden über Nacht auf das Gerät gelegt und können dann zusätzlich wie ein Zweitgerät benutzt werden. Die Aufladung hält etwa eine Woche, dann bitte wieder neu aufladen. Die Maße der Plattenform betragen: 12,7 x 10,6 cm bzw. 25,4 x 20,2 cm. Generator mit Platte gibt es auch als Kombination.
An die 45 Benutzungsmöglichkeiten sind der beiliegenden Gebrauchsanweisung zu entnehmen.

PYRAMIDEN-PENDEL

Das Pyramiden-Pendel hat einen Goldton und ist an einer 9 cm langen Kette befestigt, die oben in einem Haltegriff endet. Es ist genau nach den Maßen der Cheopspyramide gefertigt und durch seine große Sensibilität für die Radiästhesie bestens geeignet. Es wird mit einer Aufbewahrungsschachtel, einer Pendelanleitung und einer Pendeltabelle geliefert.

PAPPEPYRAMIDEN:

Pappepyramiden sind als Einstieg in die Pyramidenenergie gut zu gebrauchen. Es gibt sie als Pyramide, innen folienverkleidet, mit Grundplatte, Höhe: 22 cm; als 3 Pappepyramiden, Höhe: 10 cm, und als Zifferblattpyramide, Höhe 10 cm, die man anhand seines Namens in der Numerologie zur persönlichen Pyramide programmieren kann. Die so ermittelte Endzahl wird auf dem Zifferblatt eingestellt und kann so als Wunschvermittler eingesetzt werden.

PYRAMIDENENERGIE-ZENTRUM:

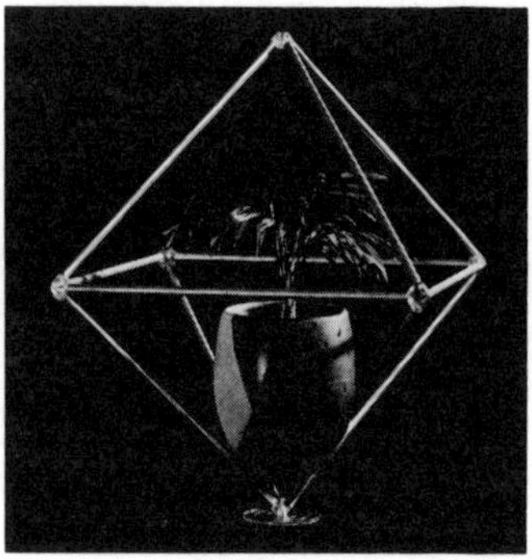

Dabei handelt es sich um Pyramiden aus einer Stangenkonstruktion mit einem sogenannten Energiesammler auf der Spitze. Das durch die Pyramidenform in eine Drehung versetzte Erdmagnetfeld wird somit breitflächig eingefangen und fließt dann spiralenförmig nach innen, so daß durch diese Verwirbelung die „PYREN", die von mir gewählte Abkürzung für Pyramidenenergie, entsteht. Auch hier sind den Einsatzmöglichkeiten keine Grenzen gesetzt. Besonders gut sind diese Pyramidenkonstruktionen geeignet, um größere Objekte darunter und darin unterzubringen. Durch das offene System bestens zum Mumifizieren oder Trocknen von Fleisch, Blumen und Pflanzen geeignet.

KUPFER-, HOLZ- und ACRYLPYRAMIDEN:

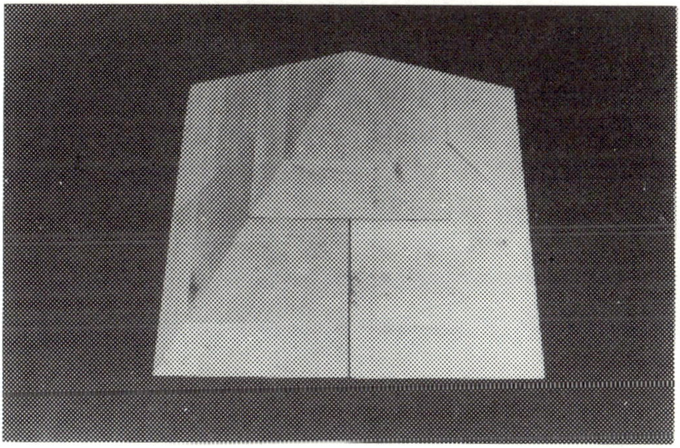

Sie können auf allen Gebieten der Pyrenerforschung eingesetzt werden, wie geschildert. Es gibt sie in 5 cm, 10 cm, 15 cm und 20 cm Höhe. Man hat festgestellt, daß negative Ausstrahlungen bei Fernsehgeräten auf ein Mindestmaß beschränkt werden, wenn eine kleine Kupferpyramide eingenordet über dem Bildschirm placiert wird.

PYRAMIDEN-STECKSYSTEM:

Das Pyramiden-Stecksystem besteht aus fünf maßhaltig gegossenen Teilen, so daß man sich Pyramiden in verschiedenen Höhen selbst herstellen kann. Sie müssen sich nur Kupferrohre oder Holzstangen in 16 mm Durchmesser besorgen und können dann damit experimentieren oder darunter meditieren. Maßtabelle zum Ermitteln der Rohrlängen ist beigefügt.

KRISTALLGLAS-PYRAMIDE:

Diese Pyramide ist aus reinem Kristallglas nach Maßen der Cheopspyramide geschliffen und wird in einem schönen Etui geliefert. Nach Angaben von Heilpraktikern und Ärzten kann man sie sehr gut zur Akupressur verwenden, da sie sehr spitz angeschliffen ist und wie eine Akupunkturnadel wirkt. Höhe: 30 mm.

KUPFERSTANGEN-PYRAMIDE:

Eignet sich natürlich am besten zur Meditation, da man darunter, wie schon angegeben, eine höhere Meditationstiefe erreicht sowie Ruhe und Ausgeglichenheit. Natürlich können Sie alle Versuche darunter ausführen und auch Tiere fühlen sich sehr wohl in dieser Pyramide. Sie besteht aus reinen Kupferstangen, die unten durch einen starken Kupferdraht miteinander verbunden sind. Sie läßt sich schnell auf- und abbauen. Es gibt sie von 40 cm bis 2,50 m Höhe und neuerdings auch mit einem Zeltüberzug, allerdings nur in 1,20 m Höhe. Sie dient zum „energetischen Schlafen", stärkt die psychische Kraft und das Wohlbefinden. Man kann sich darin leichter entspannen.

In diesem Zusammenhang ist es vielleicht von Interesse zu erfahren, daß man glaubt, „PYREN“ könne den Alterungsprozeß verlangsamen und so das Leben verlängern.
Auch wird von neuen Erlebnistiefen in der Sexualität berichtet, denn man soll tatkräftiger und empfindsamer reagieren. Man nimmt auch an, daß die Fruchtbarkeit gesteigert wird.

Es gibt eine Menge Beweise dafür, daß natürliche wie künstliche Energiefelder einen Einfluß auf lebende Organismen haben, und die „PYREN“ ist stets auf Substanzerhaltung ausgerichtet, selbst über den Exitus eines organischen Lebewesens hinaus.
Es kann daraus geschlossen werden, daß die erzeugten Schwingungsresonanzen das Niveau der Zellen und des Gewebes usw. auf die Höhe einer optimalen Funktion erheben.
Auch ein sogenannter „PYRAGON-STRAHLER“ wurde von mir als Bestrahlungsgerät entwickelt. Er arbeitet auf der Basis von Pyramidenenergie in Kombination mit der von Wilhelm Reich entwickelten und von mir kurz geschilderten Orgonenergie. Er ist oktaederförmig, und die Ausstrahlung der sanften Energie, wie ich sie nenne, erfolgt über einen Kupferstab am unteren Ende und wird von fast jedem gespürt. Die allgemeine Erprobung in einer Arztpraxis erstreckte sich auf Wund- und Schmerzbehandlung, schnelleres Auflösen von Prellungen und ähnlich gelagerte Krankheiten.

Immer mehr Menschen zeigen Interesse und Verständnis für die Verwendung von „PYREN“ und deren Einsatz zum Wohle der gesamten Menschheit und der bedrohten Tier- und Pflanzenwelt.

Je mehr wir den Sinn der großen Pyramide begreifen lernen, um so mehr werden wir in der Vermutung bestärkt, daß sie einst als ein Mittel zur weiteren Menschwerdung erbaut wurde.
Es wird immer klarer, daß wir die Geheimnisse der Pyramide von Gizeh nur so weit enträtseln können, wie wir selbst in unserer Entwicklung vorangekommen sind. Dies scheint auch die Absicht ihrer großen Baumeister gewesen zu sein. Die große Pyramide ist damit eine Quelle des Wissens um die Geheimnisse des Lebens und dieser Welt.

Max Planck sagte einmal: „Nicht die sichtbare, aber vergängliche Materie ist das REALE, WAHRE, WIRKLICHE, sondern der unsichtbare, unsterbliche GEIST ist das – WAHRE.“

4. Die Pyramidenenergie in der Pflanzenwelt

Am dritten Tag der Weltschöpfung erschuf GOTT die Pflanzen und sprach: „Es lasse die Erde aufgehen Gras und Kraut, das ich besame, und fruchtbare Bäume, daß ein jeglicher nach seiner Art Frucht trage."

Zuerst also war die Pflanze da, und das hatte und hat noch immer seinen guten Grund.
Denn erst Blätter, Wurzeln, Früchte und Säfte von Bäumen und Pflanzen enthalten Inhaltsstoffe, mit welchen die Erde Tiere und Menschen ernährt. In allen Pflanzen ist in vielfachen Abwandlungen die Gestaltungsidee sichtbar, denn Algen, Pilze, Farne, Moose und Flechten erinnern noch immer an die ersten Kapitel der Schöpfungsgeschichte. Kein Lebewesen, ob Mensch, Tier oder Pflanze, kann ohne das andere existieren. Es ist die Vielfalt der pflanzlichen und tierischen Geschöpfe sowie der Menschen, mit denen die lebendige Welt erschaffen worden ist und mit denen sie erhalten werden will, soweit es uns noch möglich ist.

Auch der Fortpflanzungsprozeß verläuft bei den verschiedenen Bäumen und Pflanzen höchst unterschiedlich. Einige vermehren sich unglaublich schnell, andere wie zum Beispiel der Gingkobaum, sehr langsam. Wasser spielt im Leben der Pflanzen eine große Rolle, und je nach Wasserverbrauch werden die Pflanzen in Xerophyten und Hygrophyten eingeteilt.
Xerophyten bevorzugen trockene Standorte und Hygrophyten gedeihen nur auf dauernd feuchten Unter-

gründen. Pflanzen, die im Wasser leben, nennt man Hydrophyten. Die Wärme hat im Leben der Pflanzen eine große Aufgabe, denn sie können nur innerhalb eines bestimmten Temperaturbereiches existieren. Bei zu hohen oder niedrigen Temperaturen sterben sie ab. Licht ist für die meisten Pflanzen unentbehrlich, auch Luft. Sie liefern den autotrophen Pflanzen das nötige Kohlendioxyd zum Aufbau organischer Stoffe.
Pflanzen, die es in allen Erdteilen gibt, sogenannte Kosmopoliten, sind sehr selten. Meist sind es sogenannte Unkräuter, die man aber besser als Wildkräuter bezeichnen sollte und die zum großen Teil von Menschen verbreitet wurden.

Sehr viele Pflanzen finden in der Heilkunde ihre Verwendung, und schon Paracelsus sagte: „Der Größte ist der, der die Natur und die Wunder weiß, lernt und erfährt. Der nichts kann, noch erfährt, noch weiß, ist tot."

Es liegt schon eine große Weisheit in seinem Ausspruch, denn nach seinem Dafürhalten wächst in jedem Land, für jede Krankheit eine Arznei in der Natur.

Pflanzen sind allein in der Lage, aus anorganischen Stoffen mit Hilfe der Photosynthese organische Stoffe aufzubauen.
Sie besitzen den grünen Farbstoff Chlorophyll, der bei der Photosynthese entscheidend beteiligt ist. Auch unterscheiden sie sich gegenüber den tierischen Organismen durch den Besitz einer festen Zellmembran und durch allgemein fehlende Ortsbewegung.

Pflanzen und Bäume trifft man auf der ganzen Erdoberfläche an, und ihre Form, Gestalt und Größe sind sehr unterschiedlich, von mikroskopisch klein bis riesengroß. Viele leben nur kurz, andere werden bis zu 4000 Jahre alt, wie die nordamerikanische Kiefer „Pinusaristata".

Auch die ägyptischen Pyramiden haben dieses biblische Alter. Die berühmteste von ihnen, die Cheopspyramide, erzeugt in ihrem Innern durch ihre spezielle Form eine geheimnisvolle Energie, die auf Pflanzen und Bäume eine besondere Wirkung ausübt.
Man hat festgestellt, daß Pflanzen ähnlich wie Menschen reagieren. Cleve Backster aus den USA kam zu dieser Feststellung, als er mit einem Lügendetektor an Pflanzen experimentierte.
Sie reagierten allein schon auf Gedanken, die ihnen Böses oder Gutes suggerierten, mit Angst oder Freude. Schnitt man eine Pflanze ab, so glich der Todeskampf dem eines Tieres. Betet man Pflanzen an, so danken sie es mit einer verstärkten Wachstumsrate, was wissenschaftlich durch Dr. Bernhard, Grad. Professor an der McGill-Universität in Montreal, nachgewiesen wurde. Pflanzen fühlen also, ob man sie mag oder nicht.

Das erklärt auch, daß der Mensch Kontakte zu lebenden Pflanzen haben kann: Pflanzen sind sensible, lebendige Objekte. Wenn sie, in unserem Sinne, weder hören noch sehen können, so sind sie doch empfindliche Meßinstrumente für die Gefühlsbewegungen des Menschen. Pflanzen strahlen Energie aus, die dem Menschen wohltut und umgekehrt.

Pflanzen oder Blumen unter Pyramiden gestellt, erhöhen ihre Wachstumsrate um ca. 20 – 50 Prozent, ebenso durch Gießen mit unter Pyramiden aufgeladenem Wasser. Auch bei meinen Versuchen stellte ich fest, daß Pyramidenenergie auf Pflanzen, Blumen und auch auf Samen positiv wirkt. Die Keimfreudigkeit von Samen erhöht sich, und der Ertrag liegt über dem Durchschnitt gegenüber unbehandelten. Unseren Landwirten sei empfohlen, ihr Saatgut unter Pyramiden vorzubehandeln, um so ihre Erträge ohne zusätzlichen Einsatz von Kunstdünger zu erhöhen.

Empfindliche Pflanzen (wie etwa Gummibaum und Tomaten) sollen nur ganz kurz der Pyramidenenergie ausgesetzt werden, damit keine Überdosierung entsteht. Pflanzen wachsen in einem Pyramidenmodell am besten unter dem Apex (Spitze). Die inneren Schwingungen einer Pyramide sind die Gesamtsumme des Lebensprozesses oder aller Ereignisse chemischer Art im lebenden Organismus des Körpers bei Mensch, Tier und Pflanze. Pflanzen reagieren durch Schwingungen und orientieren sich ganz allein nach den Himmelsrichtungen. Da an den Ecken am Boden der Pyramide Mischenergien entstehen, kann es bei ein und derselben Pflanze unterschiedliche Wachstumsraten geben.

Es ergeben sich dadurch unterschiedliche Schwingungsraten, je nach Art der Pflanze und welcher Teil von ihr wohin zeigt.

Etwa zwei bis vier Sekunden schwingen so die Energiefelder nach außen in die Atmosphäre; danach kehrt sich der Vorgang um und die Energie der Atmosphäre strömt in die Pflanze zurück.

Dieser Vorgang spielt bei der Photosynthese auch eine wichtige Rolle. Man hat ferner festgestellt, daß auch

Musik das Wachstum von Pflanzen maßgeblich beeinflussen kann. Besonders durch klassische und religiöse Musik lassen sich gute Ergebnisse erzielen. Anscheinend verändert der niederfrequente Schall die Zellen der Wachstumsregulatoren so, daß die Pflanzen vermehrt zu wachsen beginnen. Popmusik jedoch läßt Pflanzen verkümmern, anscheinend durch ihre extreme Lautstärke.

Bei Trocknungsprozessen von Pflanzen in Pyramidenmodellen stellten wir wiederholt fest, daß die Pflanzen oder Blumen nicht verdorrten, sondern ihre Form und zum Teil auch ihre Farbe behielten. Auch der Duft konnte noch lange Zeit wahrgenommen werden.

Stecklinge in Pyramidenwasser gelegt, gehen besser an und gedeihen viel üppiger. Schnittblumen halten sich länger frisch, wenn sie in Pyramidenwasser gestellt werden. Auch Trinkwasser unter Pyramiden oder auf Generatoren aufgeladen, schmeckt frischer, weniger nach Chlor und fördert, nüchtern getrunken, die Verdauung. Früchte und Gemüse, etwa eine Stunde unter eine Pyramide gelegt, bleiben viel länger haltbar als unbehandelte Sorten. Auch Geschmack und Aroma werden viel intensiver.

Lagern Sie über Winter Ihr Obst und auch Ihre Kartoffeln unter Pyramiden. Sie werden über die Frische und die Haltbarkeit erstaunt sein.
Pflanzen, die vor dem Aussetzen etwa drei Wochen unter einer Pyramide stehen, bringen danach bei weitem mehr Früchte als die gleiche Anzahl Kontrollpflanzen.

5. Die Pyramidenenergie in der Medizin

Es ist nicht zu leugnen, daß alle Lebewesen unseres Planeten einem ständigen Energieaustausch zwischen Erde und Universum ausgesetzt sind, so daß eine Einflußnahme auf alle Organismen durch diese Strahlung erfolgt. Leider ist es dem Forschungsdrang der Menschen nur in geringem Umfang gelungen, die nutzbare Realität der Pyramidenkraft und deren wissenschaftliche Aspekte zu erforschen und auszuwerten.

Der wissenschaftlichen Nutzung dieser Energie stehen noch eine ganze Menge von Hindernissen entgegen, ehe sie von der Schulwissenschaft anerkannt werden wird.
Wie Sie mittlerweile wissen, fungiert die Pyramide als geometrischer Verstärker, der, von kosmischen Schwingungen angeregt, als optische Linse diese Energie konzentrieren kann.
Diese gesammelte, im Zentrum konzentrierte Energie ist imstande, alle Objekte molekular zu durchdringen. Dies äußert sich dadurch, daß Substanzen sich zum Teil erhalten, konservieren oder mumifizieren. Leider ist die Kraft der Pyramidenenergie („PYREN") noch nicht eindeutig definierbar und erkannt. Sie könnte elektrischer, magnetischer oder korpuskularer Struktur oder noch anderer Art sein.
Diese Energie weiter zu erforschen, meßtechnisch nachzuweisen und im positiven Sinne einzusetzen, wird mein ganzes Sinnen und Streben sein.

Als Therapiemittel in der Medizin muß ein ganz anderer Weg zur Nutzung gegangen werden, denn „PYREN“ hat eine andere „molekulare“ Zusammensetzung und Strahlung als die bekannten zur Verfügung stehenden Energien. Die weltweiten Forschungen auf diesem so interessanten Gebiet sind zwar noch nicht beendet, aber es zeichnen sich heute schon in dieser Richtung Dinge ab, die für uns von großer Bedeutung werden können beziehungsweise schon sind.

Insbesondere wurde festgestellt, daß innerhalb von Pyramidenmodellen fast keine Bakterien existieren können, was ich durch ein Gutachten beweisen kann, wie schon beschrieben. Das würde heißen, daß man durch Aufhängen von Deckenpyramiden in Krankenzimmern eine Teilsterilisation erreichen könnte. Diese Maßnahme würde dazu beitragen, das Wohl der Patienten zu erhöhen, zumal schon wiederholt nachgewiesen wurde, daß Wunden sich schneller schließen und Prellungen sowie Blutergüsse sich in kürzerer Zeit auflösen als gewöhnlich.

Störquellen lassen sich durch Punktbestrahlung zum Teil schneller eliminieren, und Schlafstörungen können durch das Aufhängen von Überkopfsystemen herabgesetzt bzw. fast ganz zum Verschwinden gebracht werden.

Auch zur Hebung des Allgemeinbefindens ist die Pyramidenenergie sehr gut geeignet. Setzen Sie sich dazu etwa eine halbe Stunde täglich unter eine Stangenpyramide oder stellen Sie Ihre Füße die gleiche Zeit auf eine mit dem Pyramidenenergie-Generator aufgeladene Platte.

Auch Ihre Vitalität kann dadurch gesteigert werden.

Laden Sie Wasser auf dem Generator oder unter einer Pyramide auf und tupfen Sie morgens Ihre müden Augen damit ab. Es wird Sie beleben. Das gleiche können Sie auch vor dem Zubettgehen tun.
Körperliche Beschwerden, die durch bioenergetische Störzonen verursacht werden, können durch Pyramidenenergie-Generatoren zum großen Teil aufgelöst werden.
Die Energie der Pyramide ist stets auf Substanzerhaltung, selbst über den Exitus eines organischen Lebewesens hinaus, ausgerichtet.

Innerhalb
Österreichs:
Postgebühr
bezahlt
Empfänger

profil

Abonnement-Abteilung
Marc-Aurel-Straße 10–12
1010 Wien

6. Biostörzonen

Wie den meisten von uns bekannt sein dürfte, kommen aus der Erde verschiedene schädliche Strahlen, die zum Teil von unterirdischen Wasseradern, Erdverwerfungen und Erzen herrühren – was unsere Wissenschaftler immer noch zu leugnen wissen, obwohl ein Forschungsauftrag unserer Regierung zur Erforschung dieser Phänomene in Auftrag gegeben wurde und bereits mit positiven Ergebnissen aufwarten kann. Diese bioenergetischen Zonen können die Ursache verschiedener Krankheiten wie Rheuma, Gicht, Ischias, Arthrosen, Herzbeschwerden, schlechter Schlaf und sogar Krebs sein.

Wasser enthält Träger elektrischer Ladungen in Form von Ionen. Ionen sind Atome oder Moleküle mit einer positiven und einer negativen Ladung. Fließendes Wasser stellt somit eine Form des elektrischen Stromes dar, ändert aber in unterirdischen Wasseradern ständig Richtung und Geschwindigkeit.
Der fließende Ionen-Gleichstrom ist in der Folge durch Wechselströme mit Schwingungszahlen bis zu etwa zwanzig pro Sekunde überlagert.
Diese äußerst schwachen Wechselströme regen die Atome und Moleküle in den Deckschichten über Wasseradern zu Eigenschwingungen an. Unter Mitwirkung des magnetischen Feldes der Erde wird ein heftiges Mitschwingen nach Art eines Molekular-Verstärkers erzeugt. Auf der Erdoberfläche tritt streifenförmig eine kohärente Hochfrequenzstrahlung aus, welche eine derartige Zerstörungskraft besitzt, daß selbst Wände aus Beton reißen können.

Bäume, die auf solchen Störstellen stehen, zeigen unter anderem Dreh-, Schief- oder Doppelwüchsigkeit, da sie von diesen Störzonen wegwollen, es aber nur überirdisch können. Ebenso entstehen Krebswucherungen, die dann eventuell auch bei Menschen auftreten können, was aber von den meisten Ärzten ignoriert wird, „da dies nicht sein darf, weil es nicht sein kann" und wo Brennesseln in der Natur wachsen, ist immer mit bioenergetischen Zonen zu rechnen.
Bioenergetische Zonen schaden dem Menschen besonders dann, wenn sie innerhalb seines Bettes verlaufen, denn dort hält er sich die längste Zeit seines Lebens, etwa acht Stunden pro Nacht, auf. Hunde zum Beispiel wählen niemals einen gestörten Ruheplatz, während Katzen, Bienen und auch Ameisen diesen suchen.

Auch Bäume sind störzonenfühlig. Störzonen werden von Eichen und verschiedenen Kirschbäumen gesucht, während die meisten Obst- und Waldbäume auf diesen Stellen nur unzureichend wachsen, gedeihen und schlecht Früchte bringen.
Diese bioenergetischen Zonen kann man ganz oder teilweise mit Kupferpyramiden, Pyramiden-Magnetfeld-Generatoren, Biomatoren und sonstigen Geräten eliminieren. Sie sollten aber vorher immer den genauen Verlauf dieser Störzonen durch geeignete Leute und Geräte feststellen lassen. Wenn die Möglichkeit besteht das Bett umzustellen, ist dies noch immer die beste Lösung.
Derartige Störschwingungen wurden im Kurzwellen-Rundfunkbereich zwischen 15 und 22 Megahertz nachgewiesen. Man kann sie mit Kurzwellenempfängern empfangen und hören.

Der Zusammenhang zwischen der Entstehung von Krankheiten und Biostörzonen ist in Europa bereits seit den dreißiger Jahren bekannt. Es existieren umfangreiche Forschungen, die jedoch meistens von der Schulmedizin ignoriert werden.
Erinnert sei hier an die Nachweise von Krebsfällen auf Biostörzonen durch Freiherr Gustav von Pohl in seinem Buch: „Erdstrahlen als Krankheits- und Krebserreger".

Es ist bekannt, daß sämtliche Lebensvorgänge, das Denken eingeschlossen, elektrischer Natur sind. Biostörzonen wurden bisher überwiegend durch die Wünschelrute und das Pendel aufgespürt, jedoch wissenschaftlich nicht anerkannt.

Störfeldsucher mit modernster IC-Meßtechnik zum Nachweis positiver und negativer Felder sind bereits auf dem Markt und im Einsatz. Sie registrieren die elektromagnetischen Wellen und spüren präzise gesundheitsschädliche Feldstärken und Frequenzen auf zu unserer aller Nutzen.

7. Weitere Möglichkeiten zum Einsatz der Pyramidenenergie

Der Physiker und Nobelpreisträger Werner Heisenberg sagte einmal folgendes, was auch auf die Pyramidenenergie zutrifft:
„Wenn Neuland betreten wird, kann es vorkommen, daß nicht nur neue Inhalte aufzunehmen sind, sondern auch die Struktur des Denkens sich ändern muß, wenn man das Neue verstehen will."

Die Pyramidenenergie ist eines der größten Geheimnisse und für den Eingeweihten ein universaler Schlüssel, von dessen vielfältigen Einsatzmöglichkeiten er sich erst im Laufe seiner weiteren Entwicklung überzeugen wird.

Unser Interesse richtet sich zur Zeit immer mehr auf die Meditations-Pyramiden aus Kupferrohr, in denen man stehen, schlafen, meditieren und auch lieben kann. Es entsteht darin eine Ionisation positiver Art, die zum Regenerieren schwacher und kranker Personen durchaus eingesetzt werden kann. Es gibt Leute, die berichten von schädlichen oder negativen Wirkungen der Pyramidenenergie. Diese beruhen auf falschen Voraussetzungen und Schlußfolgerungen, denn die in der Pyramidenform wirkenden Energien sind weder gut noch schlecht, wenn man weiß, daß Energie eben nichts anderes als Energie ist. Die aus dem menschlichen Verstand erschaffenen Bewertungen wie gut und böse sind lediglich die von der Energie hervorgebrachten relativen Veränderungen.

Eine Wirkungslosigkeit der Pyramidenkräfte ist eigentlich nicht möglich, wenn alle Fakten wie Maßhaltigkeit und genaues Einnorden beachtet wurden. Es könnten lediglich verschiedenartige Einflüsse vorliegen, so daß man das Experiment an einem anderen Ort oder zur anderen Zeit wiederholt. Der Erfolg wird dabei bestimmt nicht ausbleiben.

Wie schon geschildert kann man mit WASSER am besten experimentieren. Versuchen auch Sie sich damit, denn Pyramidenwasser vermag in der Küche wahre Wunder zu vollbringen. Durch die Behandlung unter der Pyramide tritt eine Molekularveränderung des Wassers ein, so daß es sich fast unbegrenzt lagern läßt. Durch tägliches Trinken verbessern Sie Ihre Vitalität, Umschläge mit diesem Wasser lassen eine Linderung bei Prellungen, Schnitt- und Brandwunden erwarten. Es wird berichtet, daß bei Kopfwaschungen mit diesem Wasser Schuppen zum Verschwinden gebracht werden. Singvögel, die dieses Wasser vorgesetzt bekamen, sangen besser und das farbige Gefieder wurde schöner, leuchtender und Haustiere bekamen ein glänzendes, weicher und dichter aussehendes Fell. Nehmen Sie auch Ihre Medizin, Pülverchen und Tabletten mit Pyramidenwasser ein.

Speisen, in Pyramidenwasser gekocht oder auch nur eingeweicht, verbessern ihren Geschmack und werden auch schneller gar und die Qualität von Tee, Kaffee und Milch wird merklich verbessert. Sie werden es selbst merken, wenn Sie Pyramidenwasser im Haushalt und überall verwenden.

Paul Brunton, der eine Nacht in der Cheopspyramide verbrachte, wurde von einem Priester, der ihm erschien, mit einer Botschaft für seine Rückkehr betraut:
„Wisse, daß in diesem alten Tempel die Berichte über die früheren Menschenrassen verborgen sind zusammen mit dem Pakt, den sie mit dem Schöpfer durch den ersten seiner großen Propheten geschlossen hatten. Wisse auch, daß seit den ältesten Zeiten auserwählte Menschen hierher gebracht und ihnen dieser „Vertrag mit dem Schöpfer" gezeigt wurde, damit sie mit dieser Kenntnis zu ihren Brüdern und Schwestern zurückkehren und das Geheimnis nicht ganz der Vergessenheit anheimfällt. Gehe auch Du mit der eindringlichen Warnung von hier fort, daß, wenn die Menschen sich von ihrem Schöpfer lossagen und ihre Mitmenschen hassen – wie es mit dem Prinzen von Atlantis der Fall war, zu dessen Zeit diese Pyramide erbaut wurde –, sie sich durch das Gewicht ihrer eigenen Bosheit und Schlechtigkeit selbst vernichten, genauso wie es dereinst mit dem Volk von Atlantis geschehen ist."

Wenn wir Menschen des zwanzigsten Jahrhunderts nicht versuchen, uns zu ändern, dann wird sich unser Schicksal durch SELBSTVERNICHTUNG erfüllen.

Setzen wir also die positiven Mittel ein, daß es niemals so geschehen werde.

Und schließlich soll hier noch eine Methode zur Ermittlung der genauen Maße eines Pyramidenmodells vorgestellt werden: Für jeden Zentimeter Höhe rechnet man mal 1,5708 cm Grundlinie und mal 1,4945 cm Seitenkante.

Möchten Sie zum Beispiel eine 180 cm hohe Pyramide, beträgt die Grundlinie 282,74 cm (180 x 1,5708) und jede Kante der Seitendreiecke 269,01 cm (180 x 1,4945).

8. Sonstige neue Erkenntnisse in der Pyramidologie

Pyramidenenergie wirkt auf jedes Molekül und jede Materie, die sich innerhalb der Strahlung befindet. Mit unseren heutigen Möglichkeiten wäre es kein Problem, pyramidenförmige Wohnhäuser und Dachgeschosse wegen ihrer reinen Luft, Schwimmbäder mit Pyramidendach zur Erhaltung und Verbesserung der Gesundheit zu bauen oder die Pyramidenform bei Mülldeponien wegen der dehydrierenden und bakterienzerstörenden Wirkung einzusehen.

Vielleicht beginnt jetzt ein neues Zeitalter des Pyramidenhäuserbaus im Kleinformat als biologisches Isotop inmitten unserer geschädigten Umwelt.

Nachweise von Architekten, Bauingenieuren und Baubüros, die sich mit der Planung solcher Häuser beschäftigen, können zur Verfügung gestellt werden.

Zeitrafferaufnahmen von Pflanzen innerhalb Pyramidenmodellen liefern den Beweis, daß bereits vorhandene Kräfte durch ein darin befindliches Magnetfeld verändert werden.

Ungewöhnliche Klangerlebnisse sind offenbar nicht auf die Cheopspyramide beschränkt, denn eine ganze Reihe von Leuten haben mir von außergewöhnlichen Tonerlebnissen berichtet, die sie innerhalb ihrer Versuchspyramiden erfuhren.

Auch ich habe Versuche mit einer Art Synthesizer gemacht und dabei festgestellt, daß auf- und abschwellende Töne ähnlich einer Flöte mit verschiedenartigen Klangbildern entstehen. Man muß aber vorher, so lachhaft es auch erscheinen mag, in die Pyramide sprechen und die Bitte äußern, doch Töne hervorzubringen. Nur so funktioniert es, sonst bleibt die Pyramide still.

In den antiken Geheimlehren symbolisiert der Rhythmus und der Klang den Körper, die Melodie die Gefühle, und die Harmonie erweiterte das Bewußtsein bis zur Wahrnehmung geistiger Dinge. Personen, die in einer Pyramide Töne hörten oder Schwingungen verspürten, erfuhren interessanterweise das gleiche, wenn sie sich zur Erweiterung des Bewußtseins bei der Meditation auf ihr Innenleben konzentrierten.
Es gibt heute schon Tonkassetten, die in der Königskammer aufgenommen wurden und den sagenhaften himmlischen Klang an Sie weitergeben.
Diese Kassetten in einer Pyramide zur Meditation gehört, vermitteln Ihnen das Gefühl, in der Königskammer selbst anwesend und mit den göttlichen Kräften des Universums verbunden zu sein.

Tonschwingungen wurden offenbar mit dem Schöpfungsakt in Verbindung gebracht, ob es nun das Universum oder das eigene Leben betraf.

Meine weiteren Forschungsarbeiten gehen dahin, daß ich eine sogenannte Vibrationspyramide konzipiert habe, die folgende Logik einschließt:
Eine Stangenpyramide wird mit Saiten eines Musikinstrumentes bespannt. Sie werden auf die Schwingun-

gen des menschlichen Körpers und dessen Organe eingestimmt.

Man weiß, daß bei organischen oder anderen körperlichen Leiden die Schwingungsresonanz sich verändert. Wenn nun der Körper unter dieser Pyramide plaziert und die eingestimmten Saiten in Schwingung versetzt würden, so könnte sich das erkrankte Organ damit in Einklang setzen und somit wieder gesund funktionieren. Man kann vermuten, daß sich dann das Organ mit den Schwingungen des Weltalls in Einklang befindet und vielleicht dadurch wieder gesund funktioniert. Dies sind meine Gedankengänge, und ich glaube, daß ich richtig liege. Ich meine, man sollte bei Krankheiten alles versuchen, um den Menschen wieder ihre Gesundheit zurückzugeben. Und hier wäre eine Gelegenheit, die man konsequent nutzen könnte und sollte. Denn dem Einsatz von „PYREN“ sind keine Grenzen gesetzt.

Die wohltuenden Energien der Pyramide vereinigen sich angeblich im sogenannten Herzzentrum. Das ist wahrscheinlich die „sicherste“ Stelle für Übertragungen aus der Gedankenwelt.

Menschen, die regelmäßig in Pyramiden meditieren, wie meine Frau Monika, behaupten, dadurch heitere Gemütsruhe und eine Vereinigung der Kräfte des Kosmos zu finden. Einige berichten, daß sie in der Pyramide göttliche Eingebungen erhielten und ihr Denken von seelischen Empfindungen geradezu überschwemmt worden sei, wenn sie die Pyramide wieder verließen.
Auch die Lebensenergie wird dabei erhöht.

Durch Fasten und Meditieren in Pyramiden kann man sich in einen Zustand gesteigerten Wahrnehmungsvermögens versetzen und, falls vorhanden, die Aufnahmebereitschaft für außersinnliche Phänomene noch vergrößern.

Auch Gedanken und Wünsche lassen sich in der Pyramide verstärken, da sie durch ihre symmetrische Form wie eine Sammellinse wirkt.

Schneiden Sie aus farbigem Papier Dreiecke, die maßstäblich einer Seite der Pyramide entsprechen, etwa: Basis 23,56 cm, Höhe 15 cm und Seitenlinie 22,42 cm. Dazu nehmen Sie die Farbe Gelb für inneres, geistiges Schauen (Intuition), Orange für geistige Klarheit, Blau für Heilung und Grün für Liebe.
Schreiben Sie Ihre Wünsche auf das entsprechende Papier. Dann halten Sie es mit beiden Händen fest und singen dazu zweimal irgendeine schöne Melodie, ich benutze das Wort „OM" und lasse es dabei durch Anhalten des Tones im Kopf vibrieren. Darauf faltet man die Spitze auf die Grundlinie und schlägt die Seiten an der Schräge nach innen und oben über die Kante, so daß wieder ein kleines Dreieck entsteht. Jetzt hält man die Hände über das Papierdreieck und wiederholt den Gesang. Bei dieser letzten Handlung wird der Zettel in die Pyramide gelegt, eventuell auf einen kleinen Sokkel und soll nun nicht mehr berührt werden. Nach drei bis neun Tagen erleben die niedergelegten Gedanken ihre „Schwangerschaftsperiode". Während dieser Periode sollte der Prozeß durch positive Gesänge und geistiges Festhalten an den Gedanken unterstützt werden. Stellen Sie sich, soweit es möglich ist, täglich einmal hinter die Pyramide in Richtung Norden blickend

und konzentrieren Sie sich auf Ihren Wunsch. Nach etwa neun Tagen ist die Brutperiode abgeschlossen und Sie nehmen persönlich Ihre dreieckigen Wunschzettel an sich. Die Zettel werden nun aufgefaltet, an einer Ecke festgehalten und angezündet. Den brennenden Zettel legt man nun in ein feuerfestes Gefäß, am besten in eine kleine Kupferpyramide.
Die erkaltete Asche überläßt man dem Wind.

Wie man glaubt, wird das Gedankengut durch die Verbrennung freigesetzt und kann so seine Mission erfüllen. Dieses Tun kommt den meisten noch wunderlich oder gar verrückt vor. Aber Menschen auf der ganzen Welt, die diese Handlungen absolviert haben, schwören darauf, daß ihre Erwartungen stets erfüllt wurden.

Sie wissen, daß Gedanken die Tendenz haben sich zu verwirklichen.

Auch „Pyramiden-Medaillons" haben oft wunderbare Auswirkungen auf den Menschen.
Mit den kraftvollen Symbolen KREUZ (eines der ältesten Symbole der Menschheit), SONNE (Mittelpunkt unseres Universums), STERN (die fünf Zacken sind Sinnbilder der Menschen), MOND (symbolisiert einen neuen Anfang), ANKH (das ägyptische Zeichen für ewiges Leben), WASSER (das Alter des Wassermanns), KREIS (symbolisiert den Planeten Erde) und die Spirale auf der Rückseite, verehrt von den Hopi-Indianern wie von den tibetanischen Mönchen, stellt das „Pyramiden-Medaillon" die Verbindung zu unserem Universum und der göttlichen Kraft her. Neueste Erkenntnisse haben ergeben, daß diese Medaillons nicht nur gegen Rheuma eingesetzt werden können,

sondern auch bei Allergie gegen Katzen- und Hundehaare geholfen haben.

Die Pyramiden als riesige Akkus zur Sammlung kosmischer Energien. Sie wecken das Göttliche im Menschen und halten die Zeit an.

Als der ehemalige russische Staatschef Nikita Chruschtschow 1964 die Cheopspyramide besichtigen wollte, warnte ihn sein Geheimdienst, der KGB: „Der Aufenthalt in der Pyramide ist lebensgefährlich. Die reflektierende Energie im Inneren ist so stark, daß sie einen Menschen töten kann."
Der damals mächtigste Mann der Sowjetunion unterwarf sich der rätselhaften Macht, die Menschen auf ihn ausübten, die seit 5000 Jahren tot waren.

Doch die Kraft der Pyramiden ist nicht nur negativ. Sie kann auch das Göttliche im Menschen wecken. Die Grenzen von Materie und Zeit durchbrechen.
Der Münchener Professor J. Eichmeier wies jetzt nach langen Versuchen nach: Die Pyramidenenergie kann die Molekularstruktur von Metallen verändern, den natürlichen Verfallsprozeß organischer Stoffe – und damit die Zeit – aufhalten, Krankheiten heilen und Schmerzen lindern.

Die Pyramiden von Gizeh, im Altertum zu den sieben Weltwundern gezählt, haben die unterschiedlichsten Deutungen erfahren: als astronomische Observatorien, metrische Monumente oder als Kornkammern des Josef. Sie wurden als Denkmäler göttlicher Eingebung oder als Werk Außerirdischer erklärt. Die archäologischen Beweise lassen keinen Zweifel daran,

daß sie – zumindest als Nebenzweck – als Grabmäler für die Pharaonen, die göttlichen Herrscher Ägyptens, erbaut wurden.
Damit ist das Rätsel Pyramiden aber keineswegs gelöst. Im Gegenteil. Je mehr sich heute unvoreingenommene Wissenschaftler mit den genialen Bauten beschäftigen, um so rätselhafter werden sie, auch wenn die jüngste Entdeckung der Wissenschaftler, die Pyramidenenergie, den Schlüssel zu einer ganzen Reihe bisher ungeklärter Erscheinungen liefert, wie von mir schon an anderer Stelle erwähnt.

Die Pyramidenenergie war zunächst nur mit Pendel und Wünschelrute nachweisbar, bis das Zweite Deutsche Fernsehen am Sonntag, dem 19. Oktober 1986 die Sendung „Terra X: Rätsel alter Weltkulturen" ausstrahlte, in der auch Versuche mit Minipyramiden gezeigt wurden. Das Vorhandensein der Pyramidenenergie wurde durch Professor Eichmeier von der Technischen Universität München eindeutig durch die Molekularstrukturveränderung einer Rasierklinge unter einer Pyramide im Rasterelektronenmikroskop nachgewiesen und bestätigt. Ebenso die mumifizierende Wirkung bei einem Fleischversuch, den ich in ähnlicher Form nachvollzogen habe.
Dies zeigt uns, daß meine oft belächelten Versuche der Wahrheit entsprechen und daß sie hier ihre Bestätigung gefunden haben.

Wie so eine Versuchsreihe aussieht, wird im folgenden beschrieben. Eichmeier halbierte eine gebrauchte Rasierklinge, die eine Hälfte der Klinge wurde für acht Tage in ein Pyramidenmodell aus Plexiglas, das genau den verkleinerten Maßen der Cheopspyramide ent-

sprach, gelegt. Die andere Hälfte kam unter Verschluß. Um eine Verwechslung auszuschließen, wurden beide Hälften vorher gekennzeichnet.
Das Pyramidenmodell wurde nun mit einer Seitenlänge mit dem Kompaß genau nach Norden ausgerichtet und die Schnittstellen der Rasierklinge zeigten nach Osten und Westen. Das Magnetfeld der Erde verlief somit von Süd nach Nord durch die Längsachse der Rasierklinge.
Nach acht Tagen wurden die beiden Teile unter ein Elektronenrastermikroskop gelegt. Man stellte fest, daß gravierende Unterschiede in der Breite der Schnittflächen, aber auch in der Oberflächenstruktur der beiden Klingenhälften aufgetreten waren. Die eine Hälfte zeigte weitgehend parallel angeordnete Riefen und Furchen, während bei der anderen Klingenhälfte aus der Pyramide Furchen und Striche zu sehen waren, die durcheinander liefen.
Es zeigte sich außerdem ein Unterschied der Schneiden und Oberflächen beider Klingenhälften. Bei allen Rasierklingenversuchen ist festzustellen, daß durch die Ausrichtung der Pyramide und durch die Energiereflexion innerhalb der Pyramide eine Wirkung entsteht. Das heißt, daß jedes Objekt, welches in einer ausgerichteten Pyramide abgelegt wird, Energie ausstrahlt.
Diese Energie wird aufgrund der besonderen Form der Pyramide im Zusammenhang mit dem Erdmagnetfeld und der Ausrichtung der Pyramide in deren Innenraum festgehalten. Die Energie kann auch in geringem Maße über die Seitenflächen ausstrahlen, wird aber hauptsächlich innerhalb des Raumes reflektiert. Durch diese andauernde Reflexion verändert sich die Molekularstruktur der Klingen. Aber auch bei organi-

schen Stoffen bewirkt diese Reflexion eine Veränderung:
Weitere Versuche wurden mit einem Stück Rindfleisch durchgeführt. Man zerschnitt auch dieses in zwei Hälften und legte das eine Stück in Höhe der Königskammer und das andere auf den Boden zweier gleich großer Modellpyramiden. Mit einem Kompaß stellte man eine Pyramide mit einer Seitenfläche nach Norden, die andere Pyramide wurde aus der Richtung gedreht.
Zwanzig Tage wurden nun diese Fleischstückchen in den Pyramiden beobachtet.
Das Fleischstück in der nicht ausgerichteten Pyramide war innerhalb dieser Frist völlig verwest. Das Fleischstück, das in der Höhe der Königskammer in der ausgerichteten Pyramide lag, verweste nicht. Nach drei Tagen bekam es lediglich einen leichten, hell aussehenden Belag. Nach weiteren zehn Tagen war das Fleisch fast völlig vertrocknet und mumifiziert.
Dieser Versuch zeigt ebenso wie der mit der Rasierklinge, daß es wichtig ist, die Pyramide nach Norden hin auszurichten.
Es wurden weitere Versuche mit Fleisch und anderen organischen Stoffen von der „Mankind Research Foundation", einer privaten Gesellschaft zur Erforschung von Grenzwissenschaften in Washington, durchgeführt.
Honig wurde innerhalb von vier Wochen in der Pyramide fest. Als man die Pyramide aus ihrer Richtung drehte, wurde der Honig nach sechs Tagen wieder flüssig. Bei organischen Stoffen bewirkt diese Energiereflexion die Vernichtung aller Bakterien, und zwar der, die Fäulnis verursachen und solcher, die Schimmelbildung verhindern.

Dieses funktioniert nur, wenn der reflektierende Raum, also die Pyramide, genau den Maßen der Cheopspyramide entspricht und eingenordet wurde. Die konservierende Wirkung der Pyramidenform wurde dazu verwendet, schnellverderbliche Lebensmittel wie Milch, Sahne und Joghurt in pyramidenförmigen Behältern zu verpacken. Pyramidenmodelle werden aber auch auf anderen Gebieten erfolgreich angewendet:

Eine Punktbestrahlungspyramide, die genau den Maßen der Cheopspyramide nachempfunden ist, wie mein Pyragonstrahler, eignet sich gut zur Akupressur und schnellerem Auflösen von Prellungen und ähnlichem mehr. Bestimmte Stellen innerhalb der Pyramide haben eine Schwingungsfrequenz bzw. eine Vibrationsstufe, die der gewisser Organe entspricht. Man könnte also bei organischen Leiden die Schwingungsfrequenz der Organe ermitteln und innerhalb der Pyramide in eine gesunde Schwingung versetzen, so daß sie wieder einwandfrei funktionieren können. Das heißt, man kann die Schwingungsresonanz in Einklang bringen.

Ich hoffe, daß die Feststellungen von Professor Eichmeier von der TU in München und der dadurch erbrachte Nachweis vom Vorhandensein der Pyramidenenergie der Pyramidenforschung einen neuen Auftrieb geben werden.
Die große Pyramide von Gizeh ist nicht nur ein Energiesammler, sondern auch ein Energieumwandler. Die Vorstellung, daß die Cheopspyramide kosmische Energie anzapft und sammelt ist nach den neuesten wissenschaftlichen Erkenntnissen nicht mehr abwegig.

9. Pyramiden: Radar zum All?

Wie die meisten Tempel des Altertums wurde auch die große Pyramide von Gizeh auf der Grundlage einer magischen Geometrie entworfen, die nur eine kleine Gruppe von Eingeweihten kannte. Diese und viele neue Erkenntnisse, deren Liste immer länger wird, zwingen uns zu einer neuen Einschätzung der Pyramide und zu eingehender Beschäftigung mit der Geschichte; eine Umorientierung nach völlig neuen Gesichtspunkten erscheint unerläßlich.

Wir müssen uns jetzt ernstlich überlegen, ob die Erbauer der großen Pyramide nicht viel mehr konnten und wußten, als wir ihnen zutrauen. Es ist offensichtlich, daß dieses Wissen existiert hat, aber wer den Erbauern dieses Wissen beigebracht hat, entzieht sich bis heute unserer Kenntnis. Auf jeden Fall ist die Ansicht unhaltbar geworden, daß die Cheopspyramide als Mausoleum für einen egozentrischen Pharao gebaut wurde. Dazu sollte man sich erinnern, daß in dieser Pyramide niemals Mumien gefunden worden sind. Als man die Grabkammer öffnete, war sie bis auf den weltweit bekannten Sarkophag leer.

Einige Gelehrte glauben, daß die große Pyramide als Ort der Einweihung gebaut wurde, daß sie also nicht nur als Versammlungsort für die Zeremonien des Geheimordens diente, sondern auch als Instrument, das bei der Einweihung mitwirkte. Mit anderen Worten, daß die Pyramide durch Erzeugung oder Verstärkung von Energiefeldern bei der Bewußtseinserweiterung mithalf.

Eigene Erfahrungen und die anderer Leute bestätigen, daß durch längeren Aufenthalt in Pyramiden oder

Modellen die psychischen Fähigkeiten deutlich gesteigert werden.

Obwohl die Araber schon lange behaupten, daß die große Pyramide als astronomisches Observatorium errichtet worden ist, gab es doch erst um die Jahrhundertmitte eine befriedigende Erklärung dafür, wie man die polierten Außenflächen und die Gänge im Innern zu astronomischen Beobachtungen verwenden kann.
Man weiß weder, wann die große Pyramide von Gizeh erbaut worden ist, noch wer sie gebaut hat, und ein Bericht über ihre Erbauung ist auch niemals gefunden worden. Was die Gelehrten verwirrt, ist zum Beispiel, daß die Konstruktion der Pyramide zwar einen hohen Stand der Mathematik, Ingenieurkunst, Architektur usw. bezeugt, daß aber bis heute geschichtlich nicht belegt werden kann, wann all diese Wissenschaften erlernt wurden. Einige Forscher vertreten die Ansicht, daß die Erbauer der Hochzivilisation von Atlantis angehörten und mit der Pyramide gleichzeitig ihr Wissen verewigten.

Ebenso wollten sie ein Instrument zur Erzeugung mächtiger Energiefelder schaffen. Warum, so fragte ich mich, sollte ein so gigantisches Bauwerk nicht als eine Verbindung zum All, beziehungsweise als Radarverbindung zu anderen Sternen und Galaxen dienen? Wie schon erwähnt, stammt das Wort „Pyramide" vom griechischen „Pyro", was Feuer heißt, und „amid", was soviel wie „sich im Zentrum befinden" bedeutet. Feuer war eines der vier Elemente des Universums in der antiken Kosmologie; die anderen Elemente waren die Erde, das Wasser und die Luft. Nach

der antiken Lehre war Feuer die Universalenergie, die Kraft, die alles Leben durchdringt.
Wir werden eines Tages den Beweis erbringen, daß Feuer in der Mitte biokosmische Energie ist, eine Tatsache, die den Wissenschaftlern seit Tausenden von Jahren nicht aufgefallen ist.

Die derzeit laufende Erforschung der neuen Energieform wird in vielen Laboratorien und Instituten betrieben und man hofft, daß die verschiedenen psychischen Phänomene, die bis heute von der Schulwissenschaft ignoriert werden, eine einfache Erklärung finden, sobald man die Gesetze jener Energie erkannt hat.

Von jedem Atom geht eine elektromagnetische Strahlung von extrem kurzer Wellenlänge aus, und alle Atome haben je nach Element eine eigene Kombination von Frequenzen, die sie unablässig abstrahlen. Die Strahlung selbst wird auf folgende Weise erzeugt: Von einer schwingenden elektrisch polarisierten Einheit – Atom oder Molekül mit ungleicher Ladungsverteilung – geht eine elektromagnetische Welle oder Störung aus, deren periodische Bewegung eine Schwankung des elektrischen Moments bewirkt.
Die Frequenz der ausgesandten Strahlung ist identisch mit der des Schwingungserzeugers sowie der seiner Polarisation entsprechenden Phase und Feldstärke. Bringt man dagegen eine elektrisch polarisierte Einheit in ein Strahlungsfeld von annähernd gleicher Frequenz, so wird die Einheit durch Induktion dazu angeregt, in gleichem Sinne mitzuschwingen, wodurch sie aber dem Feld ständig Energie entzieht.

Eines Tages werden wir erkennen, daß sich jedes Element der Materie in einem Schwingungszustand befindet, und zwar ein jedes mit einer unterschiedlichen Frequenz.

Der Mensch selber, wie auch alle Formen der scheinbar toten Materie, senden ständig Strahlung aus. Jedes Atom und jedes Molekül arbeitet pausenlos als Rundfunkstation.
Alle, die an Telepathie, das zweite Gesicht und Hellsehen glauben, erhalten mit dieser Feststellung einen ernsten wissenschaftlichen Beweis für die Existenz unsichtbarer Strahlen, die regelrecht von einer Person zur anderen reisen.

Nur aufgrund der Tatsache, daß sie fünf Ecken hat, erzeugt die Pyramide von Gizeh Strahlungen im Millimikro- und Nanowellenbereich. Wir haben die vier Ekken der Grundfläche und den Apex, und diese fünf Ecken wirken wie Nanowellenstrahler.
Durch die Winkel an den Ecken wird die Strahlung der Moleküle und Atome des Baumaterials der Pyramide zu einem Strahl gebündelt, der die Winkel halbiert und auf das Zentrum der Pyramide richtet. Die Energien sammeln sich im Mittelpunkt der Pyramide.
Die Moleküle oder Atome in diesem Bereich absorbieren die Energie durch Resonanz und mit zunehmender Energie gerät das Elektron auf höhere Umlaufbahnen. Je mehr Energie absorbiert wird, um so größer werden die Umlaufbahnen, und irgendwann wäre der Punkt erreicht, wo bei zuviel Energiezufuhr das Elektron sich trennen und davonfliegen würde, aber so viel Energie anzusammeln, dazu ist die Pyramide leider nicht in der Lage.

So erreichen wir lediglich eine Erweiterung der Umlaufbahnen um ein hochaufgeladenes Energiefeld im Bereich von 10 Nanometern, in dem Maße, wie die Energiezufuhr steigt. Dieses Energiefeld strahlt auch nach außen über die Ecken der Pyramide ab.

Diese Energie, bekannt und unbekannt, scheint die Stammutter aller lebendigen Dinge zu sein, und sie verbindet Mensch mit Mensch und die Menschen mit dem Kosmos. Daß die Cheopspyramide und ihre verkleinerten Nachkommen in Heimen und Versuchsanstalte durch Absicht oder Gesetz unter anderem omnipotente Feldgeneratoren sind, dafür wächst das Beweismaterial ständig an. Nachdem man heute weiß, daß die bekannten Atome durch elektrische Kräfte umgewandelt werden können, erhebt sich die Frage, ob die außergewöhnlichen Kräfte im Inneren der Pyramide eine Transmutation der Elemente bewirken können. Klar ist nur das Phänomen der Veränderung, eine Veränderung, die außerhalb der Pyramide oder im Behälter ohne Pyramidenform nicht stattfindet. Wahrscheinlich gehören die Strahlungen im Pyramideninneren wenigstens teilweise zum kurzwelligen Ende des elektromagnetischen Spektrums. Man kann das zumindest annehmen, denn grammanegative Bakterien werden ganz offensichtlich durch die Pyramidenkraft in ihrem Wachstum gehindert, was auch ein bakteriologisches Gutachten, wie schon erwähnt, beweisen kann.

Der Standort der großen Pyramide von Gizeh und der vieler anderer antiker Bauwerke, darunter auch Pyramiden in anderen Erdteilen, könnte aber noch von anderen Kriterien bestimmt worden sein als nur von geodätischen und geographischen.

In Vorstellungen über Atlantis spricht John Michell von der Vermutung, daß die gesamte Erdoberfläche noch Spuren eines gigantischen Werkes prähistorischer Ingenieurkunst aufweist, Überbleibsel eines einst allumfassenden Systems geheimnisvoller Naturkräfte, zu denen auch der Erdmagnetismus und eine weitere Energieform gehörten, die mit Sonnenenergie zusammenhängt.

Eventuell wurden die Pyramiden und andere Bauwerke an Punkten errichtet, die sich durch das Wesen und Wirken verschiedener Energiekraftfelder an diesen Orten ergaben, so daß ein unsichtbarer Leitstrom entstand, der als geographischer Koordinator alle wichtigen Punkte auf der ganzen Welt erreichen konnte und so einen weltumspannenden Radarschirm aufbaute.
So gesehen wäre es für außerirdische Besucher ein Leichtes gewesen mit uns Kontakt aufzunehmen und eine Landung auf der Erde vorzunehmen.

Nach dieser Theorie könnte die Cheopspyramide die Grundformel enthalten, sich im Kosmos zu orientieren und endgültige Maßstäbe für Zeit und Raum setzen.

Vielleicht ist die Pyramide ein Fenster zur Vergangenheit und zur Zukunft. Sie zeigt uns auch die Möglichkeiten, mit ihrer Hilfe höhere Stufen der Wahrnehmung zu erreichen und aus dieser Bewußtseinskraft eine Brücke zu schlagen vom Materiellen zum Immateriellen und um aus dieser Energie die Welt zu einem friedlichen Gedanken zu bewegen.

Die Pyramide stellt somit eine Verbindung zwischen Erde und Universum dar, denn der Mensch ist in seiner Ursprünglichkeit nicht allein auf dieser Welt, nicht allein durch seine Existenz, sondern er steht in geistiger Verbundenheit mit GOTT.

Wilhelm Reich sagte diesen zutreffenden Satz: „Wir alle leben in einer Welt, in der eine primäre und universelle Energie allgegenwärtig ist. Sie ist gleichzeitig Ursprung aller anderen Energieformen und damit der gesamten Schöpfung überhaupt."

Nachwort

Es gibt natürlich auch einige Menschen, die der Pyramidenenergie negativ gegenüber stehen und davor warnen. Sie berufen sich darauf, daß die Wissenschaft die Existenz der Pyramidenenergie bestreitet, denn nach ihrer Meinung sind die in der Wissenschaft bekannten Prinzipien und Gesetze der Weisheit letzter Schluß und sie wollen sich diese Säulen ihres Wissens durch die Erkenntnisse von „Hinterzimmerforschern", wie sie uns nennen, nicht zum Einsturz bringen lassen. Wir aber, die die Pyramidenkraft gründlich studiert haben, wissen, daß diese Energien tatsächlich existieren, denn wir haben uns von den erzielten Resultaten selbst überzeugen können, was die Zweifler natürlich nicht getan haben. Diese Ergebnisse können sich durchaus sehen lassen und werden zum Teil schon von Professoren, Ärzten und Heilpraktikern bestätigt, die sich ihrerseits mit der Pyramidenenergie beschäftigen. Eines Tages werden auch diese Erkenntnisse als wissenschaftliches Gesetz akzeptiert werden, wenn wir auf unserem eingeschlagenen Weg weitergehen, und das werden wir.

Vor nicht allzu langer Zeit fiel mir folgendes dazu ein: „WENN WIR NICHT ERNSTGENOMMEN WERDEN, BEFINDEN WIR UNS – UND DAS IST EIN GUTER TROST – MIT UNSEREN ÜBERLEGUNGEN IN EINEM KREIS HOCHACHTBARER, BERÜHMTER LEUTE."

Wir hoffen auch, daß durch das Computerzeitalter der Tag nicht mehr fern sein wird, wo ein Meßgerät konzipiert wird, das diese Art von Energie zu messen imstande ist. Dann endlich werden wir auch meßtechnisch den Nachweis erbringen, daß es die Pyramidenenergie gibt und nicht immer den Satz hören: „Was nicht sein kann, darf auch nicht sein.“ Es war dann nicht umsonst, daß wir ein Leben lang für die Anerkennung der „PYRAMIDENENERGIE“ gekämpft haben.

Es stellt sich die Frage, wie unsere Welt aussehen würde, wenn Wissenschaftler, Unternehmer, Politiker, Ärzte, Professoren und Beamte die gemachten Vorschläge einfach aufgreifen würden?

Wenn sie tatsächlich begännen, Krebs damit zu bekämpfen, eine schnellere Dehydration in Mülldeponien zu erzielen, Algenbildung in Schwimmbädern zu verhindern, neuen modernen Pyramidenhausbau zu forcieren, damit es den Bewohnern gesundheitlich besser geht. Oder wenn sie sogar den Versuch wagten, Atommüll darunter zu behandeln, damit die Strahlung evtl. herabgesetzt werden kann. Dies alles und noch viel mehr wäre doch durchaus denkbar, ja, wenn alle von mir oben Angesprochenen nur wollten, oder wenigstens einen Versuch wagen würden.

Das wäre mein größter WUNSCH!

Das Göttliche aus der Bhagavad Gita beinhaltet:

Ich bin der Geist, der in der Seelen Tiefe,
In jedem Wesen unergründlich wohnt;
Der Dinge Anfang, Mitte und ihr Ende,
Ihr Ursprung, Dasein und ihr Untergang.

Ich bin das Wirkende im Reich der Kräfte,
Der Weisen Weisheit und der Augen Licht,

Der Allerschaffer und der Allernährer;
Kein Ding und doch Ursprung aller Dinge,
Und auch der Tod, das Ende jedes Dings.

Ich bin die Stille, wo das Gottgeheimnis wohnt.
In jedem Ding bin ich des Dinges Same,
In jeder Kraft die Urkraft aller Kräfte,
In jedem Sein der Ursprung allen Seins;
Denn ich bin alles; ohne mich ist nichts.

Ich bin in allen Dingen nur ich selbst,
Doch ging aus meinem Selbst das ganze All
Als Offenbarung meiner Selbst hervor.

Und eins geworden mit dem Geist des Alls,
Erlangt sein Geist in GOTT die ew'ge Ruhe.

„Und wie alle Dinge aus Einem gekommen sind, nämlich durch das Denken des Einen, so werden alle Dinge aus diesem Einen durch Adoption geboren. Die Sonne ist sein Vater, der Mond seine Mutter. Der Wind hat es in seinen Bauch getragen, die Erde ist seine Amme. Dies ist der Vater aller Vollkommenheit in der Welt. Seine Stärke und seine Macht sind unbeschränkt, wenn sie in der Erde verwandelt werden; du wirst die Erde vom Feuer, das Zarte vom Groben trennen, sanft und sorgfältig. Es steigt von der Erde zum Himmel hinauf und steigt wieder herab auf die Erde, um die Macht der höheren und niederen Wesen zu empfangen. So wird dir der Ruhm der Welt gehören, und deshalb wird alle Dunkelheit vor dir fliehen. Bei ihm ist die Kraft, die stärkste aller Kräfte. Denn es wird alle zarten Dinge überwinden und in jedes Grobe eindringen.

SO WURDE DIE WELT GESCHAFFEN, schrieb einst ein Dichter.

Allen Pyramidologisten möchte ich noch folgende Worte von mir mit auf den Weg geben:
MAN SOLLTE IM LEBEN IMMER VERSUCHEN, DIE SPITZE SEINER PYRAMIDE ZU ERREICHEN, DENN SIE STELLT DIE VERBINDUNG ZUM GÖTTLICHEN UND ZUM UNIVERSUM HER.

Was ist mein? Mein ist nur so lange existent, wie ich lebe!

Rudi Ph. Weilmünster, 1. Mai 1986

edition eh hannemann

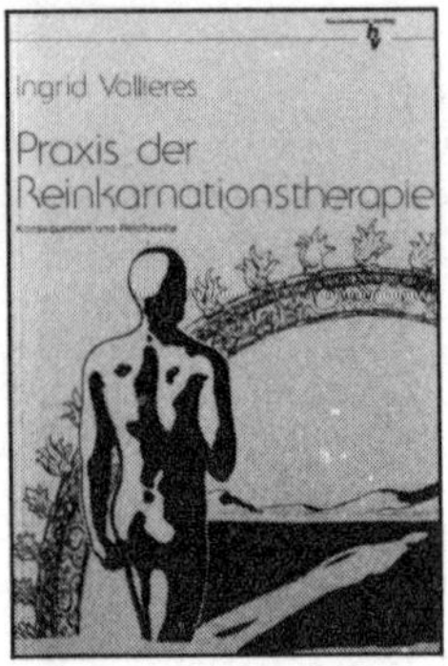

Ingrid Vallieres

Praxis der Reinkarnationstherapie

Konsequenzen und Tragweite

Die Reinkarnationstherapie geht von der Annahme aus, daß traumatisch Ereignisse aus früheren Leben ebenso Störungen verursachen könner wie solche im gegenwärtigen Leben.
In der Reinkarnationstherapie sollen diese Erlebnisse mit allen ihren Ge fühlen und Schmerzen bewußt gemacht und wiedererlebt werden, um si und die daraus entstandenen Störungen aufzulösen.
Dieses Buch erschließt in überzeugender Weise das gesamte Spektrur der Möglichkeiten dieser Therapie, wobei die Darstellung vieler Fallbe spiele den Erfolg und die Wirksamkeit dieser Technik belegen.

ISBN 3-925 342-77-X 252 S. Pb 28,–

Heinrich Wallnöfer

Ayurveda – Wissen vom langen Leben

Das altindische System des Ayurveda hat in den letzten Jahren imme mehr Aufmerksamkeit im Westen gefunden. Von ayurvedischen Heilmi teln werden geradezu Wunderdinge berichtet. Die Schilderung der chiru gischen Fähigkeiten ayurvedischer Ärzte in den alten Schriften haben be reits manchem modernen Mediziner neue Anregungen für seine Arbeit ge geben. Offenbar waren Organtransplantationen, Lebensverlängerun und Lebensverjüngung sowie die Heilung gefährlichster Krankheite schon vor Jahrtausenden in Indien im System des Ayurveda an der Tages ordnung. Der Autor, ein bekannter Arzt und Wissenschaftler, erhellt de für das westliche Denken fremdartigen geistigen, philosophischen un spirituellen Hintergrund auf einfühlsame Weise. Er nimmt dabei Bezug a die uralten Quellen und bezieht auch konsequent die religiösen Aspekt dieses Heilsystems mit in seine tiefgründigen Darstellungen ein.

ISBN 3-925-342-60-5 117 S. Pb 19,80

VERLAG STEPHANIE NAGLSCHMID
Rotebühlstr. 87 A · 7000 Stuttgart 1 · Telefon 07 11/62 68 7
Telefax 07 11/61 23 23